ISO/IEC 17025：2005

SHIYANSHI RENKE YU GUANLI

实验室认可与管理

姜兆兴　主编

内蒙古科学技术出版社

图书在版编目（CIP）数据

实验室认可与管理 / 姜兆兴主编. —赤峰：内蒙古
科学技术出版社，2017.4（2020.2重印）
ISBN 978-7-5380-2799-0

Ⅰ. ①实… Ⅱ. ①姜… Ⅲ. ①实验室管理 Ⅳ.
①C311

中国版本图书馆CIP数据核字（2017）第078557号

实验室认可与管理

主　　编：姜兆兴
责任编辑：季文波
封面设计：永　胜
出版发行：内蒙古科学技术出版社
地　　址：赤峰市红山区哈达街南一段4号
网　　址：www.nm-kj.cn
邮购电话：(0476) 5888903
排版制作：赤峰市阿金奈图文制作有限责任公司
印　　刷：天津兴湘印务有限公司
字　　数：278千
开　　本：700mm×1010mm　1/16
印　　张：16
版　　次：2017年4月第1版
印　　次：2020年2月第2次印刷
书　　号：ISBN 978-7-5380-2799-0
定　　价：68.00元

编 委 会

主　编：姜兆兴
副主编：刘振伟　于丽君　赵治国
主　审：张福中
审　核：薛忠义　俞承龙　任立新

前　言

　　随着科技的进步、经济与生产的结合，以及国际贸易的发展，对检测程序和认可体系的共同性、检测和校准活动的规范性、检测和校准结果的一致性提出了越来越高的要求，实验室的标准化问题日益受到各国的重视。

　　为了满足这样的需求，从1978年国际标准化组织（ISO）出台第一个专门适用于实验室能力建设的国际指南——ISO指南25：1978《实验室技术能力评审指南》到发布ISO/IEC 17025：2005《检测和校准实验室能力的通用要求》为止，该国际文件历经5次修订和换版，不断得到完善。ISO/IEC 17025：2005当前已经在全世界范围得到了广泛的认同、接受和应用，在确保实验室能力、便利国际贸易、减少技术壁垒、促进合格评定结果的相互承认等方面发挥了巨大的作用。

　　认可具有连接政府和市场的纽带作用。在我国推动简政放权、放管结合、优化服务改革的大背景下，认可作为国家质量基础的组成部分，在助力政府降低监管成本、减少行政风险、优化资源配置中发挥作用的空间越来越广阔。在质检总局和国家认监委的领导下，在有关政府部门和社会各方的支持下，建立了集中统一的国家认可体系，认可工作实现了跨越式发展，发生了根本性变化，逐步走出了一条国际化和中国化相结合的中国认可发展之路。认可支撑政府监管的作用得到持续发挥，为质检、工信、公安、司法、住建、交通、农业、卫生等近20个政府部门提供支撑服务，与特种设备、机械、石油石化等行业组织开展多领域合作，认可技术支撑服务的范围和内容进一步扩展。

　　为了帮助从业人员更好地理解和实施ISO/IEC 17025：2005《检测和校准实验室能力的通用要求》，由多位长期在一线从事实验室管理工作并且也从事实验室认可评审工作的同志，根据多年来在执行ISO/IEC 17025：2005标准和实验室认可过程中的经验与体会编写了《实验室认可与管理》一书。本书通俗易懂，具有一定的实用性，可供广大实验室人员参考使用。

书中不妥之处，敬请批评指正。

编　者

2017年1月

目　　录

第一章　实验室认可概论

第一节　合格评定

一、合格评定的概念

在市场经济和现实生活中,确需一种公正的,对在市场中流通的商品和所提供服务的安全性和质量进行公正科学评价的制度,以确保在市场流通的商品和各类服务的质量与安全,以引导市场规范有序的发展,进而促进国内外贸易的便利化发展,以及保护消费者的切身利益。以认证制度为主要形式的合格评定制度,在市场经济发展到一定阶段应运而生。

根据国际标准化组织(ISO)和国际电工委员会(IEC)颁布的ISO/IEC导则2所给出的定义,认证是指第三方认证机构提供产品、过程或服务符合规定标准或技术要求的书面保证所依据的程序。根据上述定义,认证可以从以下方面来理解:一是"认证"的概念原译于英文词"Certification",意为经授权的机构所出具的证明。在市场经济条件下的贸易活动中,我们通常将产品、过程或服务的供应方称为第一方,将产品、过程或服务的采购或获取方称为第二方,而独立于第一方和第二方的一方,称之为"第三方"。在认证活动中,第三方是公正的机构,它与第一方和第二方均没有直接的隶属关系和经济上的利益关系,只有这样的公正机构出具的认证证明才是可靠,是可以信赖的。二是这里所指的"产品、过程或服务",包括了硬件的实物产品,也包括了软件产品、过程(如:工艺性作业、电镀、焊接、热处理工艺等)和服务(如:饭店、商业、保险业、银行和通讯业等)。三是作为从事经济活动基本手段的标准或其他技术规范,是认证的基础。四是产品或服务是否真正符合标准或其他技术规范,要通过规定的"程序",以科学的方法加以证实。五是某项产品、过程或服务,经规定的程序证实其符合了特定的标准或其他技术规范,则第三方认证机构将出具书面证明,如认证证书和/或认证标志。

随着市场经济的发展,各类商品和服务的交换所需要的评价活动,除了认证之外,还有检测、检查、注册、检验、鉴定、认可等多种形式的评价活动,涉及的法律法规、标准、技术规范,乃至国际标准、导则、条约、协议等,如何用一个简单的概念和词汇来概括,又能科学地反映各类评价活动的内容则成了一个亟待解决的课题。国际标准化组织(ISO)和国际电工委员会(IEC)经过多年讨论,于1985年决定采用"合格评定"一词,即英文"Conformityassessment"来描述这一事物。同时将原国际标准化组织的认证委员会ISO/CERTICO更名为"合格评定委员会"ISO/CASCO,至此在全世界范围内统一了这一名词。

合格评定的使用来源于消除非关税贸易壁垒的需要。其中最为突出的是技术壁垒,主要是利用技术法规、标准和合格评定制造国际贸易障碍。1980年1月1日生效的《贸易技术壁垒协议》中,对技术法规、标准与合格评定程序均给出了定义,并对技术法规、标准和合格评定程序作出了基本规定。其主要精神是:技术法规和标准不应形成贸易壁垒,要采用国际标准以及透明度和非歧视原则;各国制定的合格评定程序应符合国际指南,不建立特殊的进口产品合格评定程序,收费标准内外统一,并采取早期通报,及时提供合格评定程序;各国政府机构也应在可能时接受其他缔约国实行的合格评定程序的结果等,以促进贸易全球化的发展。

《贸易技术壁垒协议》中给出的合格评定程序定义为:"任何直接确定满足技术法规和标准中相关要求的程序。"包括抽样、试验和检验程序,合格的评价,验证和保证程序,注册,认可以及批准程序。

ISO采用此定义,对合格评定(comformity assessment)一词定义如下:对产品、过程、体系、人员或机构有关的规定要求得到满足的证实。合格评定的专业领域包括检测、检查和认证,以及对合格评定机构的认可。"合格评定对象"包括接受合格评定的特定材料、产品、安装、过程、体系、人员和机构。产品的定义包括服务。典型的合格评定包括抽样、试验和检验、评价、验证和合格保证、注册、认可和批准,以及这些活动的综合。具体包括以下两类:

(1)认证(certification):与产品、过程、体系或人员有关的第三方证明。

注:①管理体系认证有时也称为注册。

②认证适合于除合格评定机构自身外的所有合格评定对象,对合格评定机构适

用认可。

（2）认可（accreditation）：正式表明合格评定机构具备实施特定合格评定工作能力的第三方证明。

二、合格评定的发展

最初的合格评定活动就是以认证活动为主，而认证作为市场中履行合同要求和/或公正评价商品或服务符合标准的手段，已广泛存在于商品和服务的形成和流通、使用的各个环节。认证也是随着现代工业的发展作为一种对商品和服务的外部质量保证逐步发展起来的。

19世纪伴随标志着工业革命的蒸汽机、柴油机、汽油机的发明和电的发现，加上现代工业标准化的诞生，形成了工业化大生产，使市场经济逐步发育并日趋成熟。但随之带来的锅炉爆炸、电器失火等大量财毁人亡恶性事故，给社会带来了不安，给百姓带来了痛苦，给保险商带来了巨大损失。大家意识到，来自产品提供方（第一方）的自我评价和产品接收方（第二方）的验收评价，由于其自身出于经济利益考虑的缺陷，变得越来越不可靠，不足以让人采信。所以，民众强烈呼吁，由独立于产销双方并不受产销双方经济利益所支配和影响的第三方，用科学、公正的方法对市场上流通的商品，特别是涉及安全、健康的商品进行评价、监督，以正确指导公众购买可靠的商品，保证民众的基本利益。解决这一难题有两个办法：一是等待政府立法、定规矩、建机构，再实施；二是由民间热心人士（主要是保险商们）集资并组建检测实验室，先做起来，督促政府立法和规范。多数工业化国家选择的是第二条路，即第三方检测、检查、认证、合格评定首先从民间自发为适应市场需要而产生。例如：美国保险商的实验室（UL）和德国技术监督协会（TUV）就是这样应运而生的。他们都是从检验锅炉、电器、防火材料开始。现多已成为老字号的国际著名的检验、认证集团。1903年，英国政府授权英国标准协会（BSI），以英国国家标准为依据对英国铁轨进行合格认证，并在铁轨上打上风筝标志（即英国标准协会认证标志），开创了政府直接管理和组织认证的先河。从此，第三方评价、认证和合格评定从单纯民间活动，转变成政府立法规范管理，政府和民间共同参与的活动。

合格评定是对产品、过程、体系、人员或机构有关规定要求得到满足的证实。合格评定的发展是伴随着当代工业革命发展而发展的。工业革命产生了工业标准化，从而形成了工业化大生产，使商品交换的形式从简单的供需见面、以货易货，走向供需双方不直接见面就能成交的商业网络形式,促进合格评定逐步发展。

根据国际贸易发展的要求,20世纪70年代关贸总协定(GATT)决定在世界范围内拟定"贸易技术壁垒协议"(TBT协定),旨在通过消除国际间贸易技术壁垒,加快世界贸易的发展,并于1970年正式成立了标准和认证工作组,着手起草"贸易技术壁垒协议"。1975—1979年经过五年的谈判后该协议于1979年4月正式签署,并于1980年1月1日生效。1980年版本的TBT协定规定了技术法规、标准和认证制度。GATT改组成立的世界贸易组织(WTO)所使用的1994年版本的TBT协定则将"认证制度"一词更改为"合格评定制度",并在定义中将其内涵扩展为"证明符合技术法规和标准而进行的第一方自我声明、第二方验收、第三方认证以及认可活动",并且规定了"合格评定程序",明确其定义为:任何用于直接或间接确定满足技术法规或标准要求的程序。合格评定程序应包括:抽样、检测和检查程序,合格评价、证实和保证程序,注册、认可和批准程序,以及它们的综合运用。

根据"关贸总协定"的要求,为了使各国认证制度逐步走向以国际标准为依据的国际认证制,国际标准化组织于1970年成立了认证委员会。由于认证制度逐渐向合格评定制度发展,1985年该委员会更名为合格评定委员会(简称ISO/CASCO)。

近年来,随着质量认证工作向纵深发展,在合格评定领域逐渐形成了产品认证、管理体系认证、人员认证、认证机构认可、实验室认可和检查机构认可等诸多体系。

三、实验室认可与合格评定的关系

从20世纪初到20世纪70年代,各国开展的认证活动均以产品认证为主。1982年国际标准化组织出版了《认证的原则和实践》,总结了这70年各国开展产品认证所使用的八种形式,即

(1)型式试验。

(2)型式试验+工厂抽样检验。

(3)型式试验+市场抽查。

(4)型式试验+工厂抽样检验+市场抽查。

(5)型式试验+工厂抽样检验+市场抽查+企业质量体系检查+发证后跟踪监督。

(6)企业质量体系检查。

(7)批量检验。

(8)100%检验。

从上可以看出,各国开展的产品认证活动差异很大。为了促进各国之间的相互承认,从而走向国际间相互承认,国际标准化组织和国际电工委员会向各国正式提出建议,以上述第五种型式为基础,建立各国的国家认证制度。

在开展产品认证中需要大量使用具备第三方公证地位的实验室从事产品检测工作,因此实验室检测在产品认证过程中扮演了十分重要的角色。此外,在市场经济和国际贸易中,买卖双方也十分需要检测数据来判定合同中的质量要求。同时贸易各方均认识到实验室的资格和技术能力的评价尤为重要,它不仅能验证实验室的资格和能力符合规定的要求,满足检测任务的需要,同时亦是实行合格评定制度的基础,是实现合格评定程序的重要手段。为此各国和各地区纷纷建立自己的实验室认可制度和体系。我国于1993年根据工作需要,建立了实验室国家认可体系。

四、中国的合格评定制度

我国以认证活动为代表的合格评定工作经历了起步、发展扩大、建立国家认证认可制度和实现国际互认四个阶段。

1. 起步阶段

1981年建立了我国第一个产品质量认证机构——中国电子元器件质量认证委员会(QCCECC),1983年该机构成为IEC电子元器件质量认证体系(IECQ)管委会(CMC)成员,1985年5月成为IECQ全权成员。继电子元器件质量认证制度建立后,我国于1984年又成立了中国电工产品认证委员会(CCEE),1985年成为IEC电工产品检测与认证组织(IECEE)的成员,1990年我国的9个电工领域的实验室成为IECEE承认的CB实验室。

2. 发展阶段

随着我国标准化和质量认证工作的开展,将其纳入法制管理的轨道成为必然。1988年颁布《中华人民共和国标准化法》和1993年颁布《中华人民共和国产品质量法》对我国的认证制度的建立有了原则规定。1991年5月,国务院发布了《中华人民共和国产品质量认证管理条例》,全面规定了认证的宗旨、性质、组织管理、条件和程序、检验机构和检验人员、罚则等,明确质量认证制度为国家的基本质量监督制度,也为我国实施质量管理体系认证提供了法律依据。

3. 建立国家认证认可制度阶段

1994年,我国成立了中国质量管理体系认证机构国家认可委员会(CNACR)、中国产品质量认证机构国家认可委员会（CNACP）、中国认证人员国家注册委员会（CRBA）、中国实验室国家认可委员会（CNACL），依据《产品质量法》建立并全面启动了我国的国家认证认可制度。

4.实现国际互认阶段

1997年，CNACR率先通过国际认可论坛（IAF）和亚太认可合作组织（PAC）的国际同行评审，并于1998年1月，首批签署国际认可论坛（IAF）和亚太认可合作组织（PAC）的多边互认协议；CRBA于1998年8月也首批签署了国际审核员培训与注册协会（IATCA）的多边互认协议；1999年12月，CNACL又成功地签署了亚太实验室认可合作组织（APLAC）的多边互认协议，成为该组织的第十一个签约机构；我国CNACP，也加入了国际认可论坛（IAF）和亚太认可合作组织（PAC）。

改革开放以来，特别是社会主义市场经济的建立和逐步完善，为我国认证认可工作创造了前所未有的发展机遇和条件，认证认可在从源头确保产品质量、指导消费、保护环境、促进外贸等方面的积极作用日益突显，对国民经济和社会发展的影响力不断增强。2001年8月，为了履行我国政府加入WTO时的承诺，成立了由国务院直接授予统一监督管理认证认可工作的国家认证认可监督管理委员会，在国家质检总局管理下开展工作，特别是2003年《中华人民共和国认证认可条例》的颁布和施行，标志着我国认证认可事业进入了一个全新的发展时期。

《中华人民共和国认证认可条例》的颁布和施行，这是我国认证认可法制建设工作中的一件大事，是我国认证认可事业发展史上的一个重要里程碑。为履行我国加入世界贸易组织承诺和参与经济全球化进程，整顿和规范认证市场秩序，适应社会生产力发展需要，提高我国产品、服务质量和管理水平，不断满足人民群众日益增长的物质文化需要提供了有力的法律保障。《认证认可条例》既吸纳了国际认证认可活动的有益做法，又充分考虑了我国认证认可领域和我国经济建设的实际情况，明确了《认证认可条例》的立法宗旨：通过规范认证认可活动，提高产品、服务质量和管理水平，促进经济和社会的发展，确立了"统一的认证认可监督管理制度"、"统一的认可制度"、"自愿性认证和强制性认证相结合的认证制度"、"政府监督与行为自律并举的监督制度"、"设立认证机构的审批制度"、"检查机构、实验室资质能力评价"和"认证咨询机构和培训机构的监督管理"等制度。同时，条例还规定了从事认证认可活动各个主体之间的权利和义务关系，以及法律责任，特别是对各级认证认可监督管理部门的职责、工作程序、监督制约机制作了明确规定。条例的颁布，对于认证认可监督管理部门坚持依法行政，转变政府职能，推进认证认可事业的发展具有重要的指导意义。近年来，我国认证认可事业飞速发展。认证已由过去单纯地对产品质量进行认证，拓展到服务、管理体系和各类人员认证领域，认可机构对认证机构、认证培训机构、实验室和检查机构的认可业已发展起来，统一的认证认可监督管理体制的框架已经基本确立，并正逐步趋于合理。在我国，认证认可领域取得的成就为国际认证认可界所瞩目。作为国际和区域认证认可互认制度的积极参与者和推动者，中国的认证认可制度实现了国际接轨，其权威性得到了国际认证认可界的广泛认同，可以说，中国认证认可制度与国际发展同步，达到了国际水平。

第二节　国际实验室认可活动

一、国际实验室认可活动的发展

实验室认可这一概念的产生可以追溯到60多年前。作为英联邦成员之一的澳大利亚，当时由于缺乏一致的检测标准和手段，在第二次世界大战中不能为英军提供军火。为此，在二战后它们便运用实验室认可手段着手建立一致的检测体系。1947年，澳大利亚建立了世界上第一个国家实验室认可体系，并成立了认可机构——澳大利亚国家检测机构协会（NATA）。20世纪60年代英国也建立了实验室认可机构，从而带动了欧洲各国实验室认可机构的建立。70年代，美国、新西兰和法国等国家也开展了实验室认可活动。80年代实验室认可发展到东南亚，新加坡、马来西亚等国家也纷纷开展，90年代更多的发展中国家（包括我国）也加入了建立实验室认可体系行列。

随着各国实验室认可机构的建立，70年代初，在欧洲出现了区域性的实验室认可合作组织，经过不断发展，目前国际上已成立了亚太实验室认可合作组织（APLAC）、欧洲认可合作组织（EA）、中美洲认可合作组织（IAAC）和南部非洲认可发展合作组织（SADCA）等与实验室认可有关的区域组织。同时，为了推进国际范围内实验室认可活动的合作与互认，1977年在丹麦哥本哈根成立了国际实验室认可论坛（International Laboratory Accreditaation Conference），简称ILAC，并于1996年在荷兰阿姆斯特丹由一个松散的论坛形式转变成一个实体，即国际实验室认可合作组织（International Laboratory Accreditation Cooperation），简称仍为ILAC。

二、几个主要国家实验室认可机构

1. 澳大利亚实验室认可组织

世界上第一个实验室认可组织是于1947年在澳大利亚成立的国家检测机构协会，即NATA（National Association of Testing Authorities），NATA的建立得到了澳大利亚联邦政府、专业研究所和工业界的支持。

NATA认为对实验室检测结果的信任应建立在实验室对其工作质量和技术能力进行管理控制的基础上。于是NATA着手找出可能影响检测结果可靠性的各种因素，并把它们进一步转化为可实施、可评价的实验室质量管理体系。与此同时，在按有关准则对实验室评审的实践中不断研究和发展评审技巧，重视评审员培训与能力的提高。这便形成了最初的实验室认可体系。目前NATA已认可了2000多家实验室，为其服务的具有资格的评审员约3000人。

2. 英国实验室认可组织

英国的实验室认可已有30多年的历史，1966年英国贸工部组建了英国校准服务局（BCS），负责对工业界建立的校准网络进行国家承认。之后，BCS开展了检测实验室的认可工作，1981年获授权建立了国家检测实验室认可体系（NATLAS），1985年BCS与NATLAS合并为英国实验室国家认可机构（NAMAS），1995年NAMAS又与英国从事认证机构认可活动的NACCB合并，并私营化变成英国认可服务机构UKAS。UKAS虽然私营化了，但仍属非营利机构。目前已有3000多个实验室、200多个检查机构和130多个认证机构获得其认可。

3. 其他国家的实验室认可组织

进入20世纪70年代以后，随着科学技术的进步和交通的发展，国际贸易有了长足发展，对实验室提供检测和校准服务的需求也大大增加，因此不少国家的实验室认可体系都有了较快发展。欧洲的丹麦、法国、瑞典、德国和亚太地区的中国、加拿大、美国、墨西哥、日本、韩国、新加坡、新西兰等国家都建起了各自实验室认可机构，实验室认可活动进入了快速发展和增进相互交流与合作的新时期。

三、国际与区域实验室认可合作组织

1. 实验室认可合作组织产生的原因

在各个国家纷纷建立实验室认可制度,以保证和提高实验室的技术能力和管理水平并促进贸易发展的同时,国家之间实验室认可机构的协调问题引起了关注。如果每个国家实验室认可制度中的认可依据、认可程序各不相同,那么认可的结果就没有可比性,对实验室检测结果的承认和接受也只能限于认可其能力的认可组织所在的国家或地区内部,国际贸易中的重复检测也就不可避免。这样,认可活动不但不能促进国际贸易,反而形成了新的技术性贸易壁垒,这也背离了建立实验室认可制度,开展实验室认可活动的初衷。在这种背景下,以协调各国认可机构的运作并以促进对获得认可的实验室检测和校准结果相互承认为主要目的的国际和区域实验室认可合作机构就应运而生。

2. 国际实验室认可合作组织(ILAC)

1977年,主要有欧洲和澳大利亚的一些实验室认可组织和致力于认可活动的技术专家在丹麦的哥本哈根召开了第一次国际实验室认可大会,成立了非官方非正式的国际实验室认可大会(International Laboratory Accreditation Conference—ILAC)。

ILAC会议主要围绕以下几个目标开展工作:

(1)通过ILAC的技术委员会、工作组和全体大会达成的协议,对实验室认可的基本原则和行为作出规定并不断完善。

(2)提供有关实验室认可和认可体系方面信息交流的国际论坛,促进信息的传播。

(3)通过采取实验室认可机构之间签署多边协议的措施,鼓励对已获得认可的实验室出具的检测报告的共同接受。

(4)加强与对实验室检测结果有兴趣的和对实验室认可有利益关系的其他国际贸易、技术组织的联系,促进合作与交流。

(5)鼓励各区域实验室认可机构合作组织开展合作,避免不必要的重复评审。

1995年,随着世界贸易组织(WTO)的成立和"技术性贸易壁垒协议"(TBT)条款的要求,世界上从事合格评定的相关组织和人士急需考虑建立以促进贸易便利化为主要目的的高效、透明、公正和协调的合作体系。实验室、实验室认可机构和实验室认可合作组织必须发挥积极作用,与各国政府和科技、质量、标准、经济领域国际组织加强联系、共同合作,才能在经济与贸易全球化的进程中起到促进作用。在这种形势下,ILAC各成员组织认为实验室认可合作组织有必要以一种更加密切的形式进行合作。

1996年9月，在荷兰阿姆斯特丹举行的第十四届国际实验室认可会议上，经过对政策、章程和机构的调整，ILAC以正式和永久性国际组织的新面貌出现，其名称更为"国际实验室认可合作组织"（International Laboratory Accreditation Cooperation，简称仍为ILAC）。ILAC向所有国家开放，并专门设立了"联络委员会"，以负责与其他国际组织、认可机构和对认可感兴趣的组织的联络合作。ILAC设立常设秘书处（由澳大利亚的NATA承担秘书处日常工作），包括原中国实验室国家认可委员会（CHACL）和原中国国家进出口商品检验实验室认可委员会（CCIBLAC）在内的44个实验室认可机构，签署了正式成立"国际实验室认可合作组织"的谅解备忘录（MOU），这些机构成为ILAC的第一批正式全权成员。ILAC的经费来源于其成员缴纳的年金。

目前ILAC的成员为全权成员（72个）、联系成员（21个）、准成员（18个）、区域合作组织（5个）和相关管理协会（26个）。区域合作组织成员分别是亚太地区APLAC、欧洲EA、美洲IAAC、南部非洲SADCA和非洲AFRAC。APLAC是有关实验室、检查机构及标准物质生产者认可的区域合作组织。

3. 区域实验室认可合作组织

由于地域的原因，在国际贸易中相邻的国家/地区之间和区域内的双边贸易占了很大份额。为了实现减少重复检测促进贸易的共同目的，在经济区域内建立的实验室认可机构合作组织更为各国政府和实验室认可机构所关注，这些组织开展的活动也更活跃、更实际。

（1）亚太实验室认可合作组织（APLAC）

亚太实验室认可合作组织（APLAC）于1992年在加拿大成立，原中国实验室国家认可委员会（CNACL）和原中国国家进出口商品检验实验室认可委员会（CCIBLAC）作为发起人之一参加了APLAC的第一次会议，并于1995年4月作为16个成员之一首批签署了APLAC的认可合作谅解备忘录（MOU）。MOU的签约组织承诺加强合作，并向进一步签署多边承认协议方向迈进。APLAC的秘书处设在澳大利亚的NATA。

APLAC每年召开一次全体成员大会。APLAC设有管理委员会、多边相互承认（MRA）委员会、培训委员会、技术委员会、能力验证委员会、公共信息委员会和提名委员会。各委员会分别开展同行评审管理，认可评审员培训，认可标准教学研究，量值溯源与不确定度研究，能力验证项目的组织，网站建设与刊物发布，APLAC主席、管理委员会成员和其他APLAC常务委员会主席的提名等活动。

APLAC的工作任务：

· 提供信息交流的平台，改进认可标准，在区域内提供能力验证等相关活动。

· 在培训、能力验证、准则和实际应用的协调等方面，促使成员间提供帮助和交换专家。

· 制定实验室认可及其相关主题的指导性文件。

· 促进全权成员之间建立和保持技术能力的相互信任，并向达成多边"互认协议"（MAR）的方向努力。

· 促进APLAC/MRA成员认可的实验室所出具的检测报告和其他文件被国际承认。

APLAC的成员分为全权成员（33+4个）和联系成员8个，其中签署互认协议的成员有33个。

APLAC还积极与由亚太地区各个政府首脑参加的亚太经济合作组织（APEC）加强联系，已发挥更大作用。APEC中的"标准与符合性评定委员会"（SCSC）已决定加快贸易自由化的步伐，特别要在电信、信息技术（IT）等产品的贸易中优先取消技术性的贸易壁垒。但为了保证贸易商品满足顾客要求，无障碍贸易的前提条件：一是贸易商品必须经过实验室按公认的标准或相关法规检测合格，二是承担该工作的实验室必须经过实验室认可机构按照国际相关标准对其管理和技术能力的认可，三是该实验室认可机构必须是APLAC/MRA的成员。上述APEC/SCSC的政策体现了APEC各成员国政府的要求，这将大大推动实验室认可和认可机构之间相互承认活动的发展。

APLAC正式成立以来，一直把主要的精力放在发展多边承认协议（MRA）方面。因为APLAC的最终目的是通过MRA来实现各经济体相互承认对方实验室的数据和检测报告，从而推动自由贸易和实现WTO/TBT中减少重复检测的目标。在APLAC/MOU中列举的12项目标中就有5项直接关系到MRA。近年来，MRA的工作进展很快，为此，专门发布了APLAC MR001文件《在认可机构间建立和保持相互承认协议的程序》。截止到2011年10月，APLAC成员中已有33个实验室认可机构经过了同行评审并签署了MRA。这些认可机构组成了APLAC/MRA集团。

（2）欧洲认可合作组织（EA）

欧洲认可合作组织（EAL）是1994年成立的，其前身是1975年成立的西欧校准合作组织（WECC）和1989年成立的西欧实验室认可合作组织（WELAC）。1997年EAL又与欧洲认证机构认可合作组织（EAC）合并组成欧洲认可合作组织（EA），参加者有欧洲共同体各国的20多个实验室认可机构。

EA的宗旨是：

★ 建立各成员国和相关成员的实验室认可体系之间的信誉。

★ 支持欧洲实验室认可标准的实施。

★ 开放和维护各实验室认可体系间的技术交流。

★ 建立和维护成员间的多边协议。

★ 建议和维护EA和非认可机构成员地区实验室认可机构的相互认可协议。

★ 代表欧洲合格评定委员会认可校准和检测实验室。

4. 实验室认可的相互承认协议（MRA）

为了消除区域内成员国间的非关税技术性贸易壁垒，减少不必要的重复检测和重复认可，EA和APLAC都在致力于发展实验室认可的相互承认协议。即促进一个国家/地区认可的实验室所出具的检测或校准的数据与报告可被其他签约机构所在国家/地区承认或接受。要做到这一点，签署MRA协议的各认可机构应遵循以下原则：

（1）认可机构完全按照有关认可机构运作的基本要求的国际标准（目前是ISO/IEC 17011：2004）运作并保持其符合性。

（2）认可机构保证其认可的实验室持续符合有关实验室能力通用要求的国际标准（ISO/IEC 17025：2005）。

（3）被认可的校准或检测服务完全由可溯源的国际基准（SI）的计量器具所支持。

（4）认可机构成功地组织开展了实验实践的能力验证活动。

四、实验室认可的相关国际标准和文件

1. ISO/IEC 17025：2005《检测和校准实验室能力的通用要求》

标准是开展实验室认可活动的基础，为了指导各个国家开展实验室认可工作，早在1978年ILAC就组织工作组起草了《检测实验室基本技术要求》的文件。ILAC把此文件作为对检测实验室进行认可的技术准则推荐给国际标准化组织（ISO），希望能作为国际标准在全世界发布。同年ISO批准了这份文件，这就是第一份用于实验室认可的国际标准ISO导则25：1978《实验室技术能力评审指南》。

各国实验室认可机构在使用第一版ISO导则25∶1978中，感到对导则中相关要求还需要明确，需要更具有可操作性，于是提出了修改要求。据此ILAC在1980年的全体会议上做出了促请ISO修订该标准的建议。ISO当时的认证委员会（ISO/CERTICO）承担了修订任务，修订后的文件于1982年经ISO和在标准化工作方面与ISO有密切联系的国际电工委员会（IEC）共同批准联合发布。这就是第二版的ISO/IEC导则25∶1982《检测实验室基本技术要求》。

第二版标准在世界范围内得到了认同、接受和应用。与此同时，人们也关心从事量值溯源工作的校准实验室的工作质量，因为这与检测实验室检测数据的准确性密切相关。另一个重要情况是经过数年努力，ISO于1987年发布了著名的"质量管理和质量保证"标准，即ISO 9000系列标准，全世界很多国家掀起了采用ISO 9000标准建立质量管理体系的热潮，在国际贸易中也常常把按照ISO 9000标准的要求提供质量保证作为需方向供方提出的基本要求。以上两个方面的发展趋势，使得有必要对第二版的ISO/IEC导则25进一步修订，增加相关内容，并与ISO 9000系列标准密切结合。在1988年，ILAC全体会议又提出了为反映ISO 9000系列标准实施后出现的变化，应进一步修订ISO/IEC导则25的要求。ISO符合性评定委员会（CASCO）经过征求各方意见，吸收了ISO 9000标准中有关管理要求的部分内容，提出了具体的修订意见。ISO和IEC分别于1990年10月和12月批准并联合发布了导则25的第三版ISO/IEC导则25∶1990《校准和检测实验室能力的通用要求》。新版名称的变动，也反映了对检测和校准实验室的认可已成为世界各国普遍和共同的要求。

第三版ISO/IEC导则25自发布之后，得到了更为广泛的应用，已成为各个国家和地区的实验室建立质量管理体系、规范检测和校准活动的依据，同时也构成了几乎所有国家的实验室认可机构对实验室评定认可的准则。

导则反映了人们对事物和活动的认识水平。随着实验室工作实践和对实验室认可评审实践的深入，以及质量管理理论的丰富，人们对实验室管理工作要求和技术能力要求的认识也不断提高，这就使得已发布的导则需要适时更新。1993年欧洲标准委员会（CEN）提出了修改ISO/IEC导则25∶1990的建议。1994年1月ISO/CASCO组成了修订工作组（WG10），开始研究对第三版ISO/IEC导则25∶1990的ISO/IEC 17025∶1999《检测和校准实验室能力的通用要求》的国际标准。

ISO/IEC 17025∶1999标准包含了对检测和校准实验室的所有要求，用于希望证明自己"实施了质量管理体系并具备技术能力，同时能够出具技术上有效结果"的实验室使用。与ISO/IEC导则25：1990比较，该标准在结构上把实验室应符合的"管理要求"和进行检测和/或校准的"技术能力要求"作为两个章节分别详尽阐述；该标准在内容上已注重将ISO 9001：1994和ISO 9002：1994中与实验室所包含的检测和校准服务范围有关的全部要求汇集起来，并突出了检测与校准方法的验证、不确定度和量值溯源等技术要求。该标准指出"按照本国际标准运作的检测和校准实验室也符合ISO 9001：1994和ISO 9002：1994要求"，但"获得ISO 9001或ISO 9002认证本身并不能证明该实验室具有提供正确的技术数据和结果的能力"。这样就说明了实验室认可标准和ISO 9000认证标准之间的重要区别。

2. ISO/IEC 17020：2012《各类检查机构能力的通用要求》

该标准以同名称的欧洲标准EN45004：1995为基础制定发布，并取代先前已发布的ISO/IEC导则39：1988《认可检查机构的基本要求》和ISO/IEC导则57：1991《检测结果基本表述规则》两个标准。

检查机构是与检测和校准实验室既有联系又有区别的另一类从事符合性评定的组织。在ISO/IEC17020标准中对检查（inspection）的定义是"对产品的设计、产品、服务、过程或工厂的检查并判定其对特定要求的符合性或者根据专业审查判定其对通用要求的符合性"，从事上述检查活动的机构就是检查机构。该标准规定了检查机构的职能，这些机构的工作可能包括对材料、产品、安装、设备、过程、工作程序或服务进行检查，对符合性进行确定以及就其活动结果向其顾客和监督机构（需要时）做出后续报告。对某一产品、安装或设备的检查可能会涉及被检查对象在寿命周期（包括设计在内的）各个运作阶段。这类工作通常要求在提供服务，特别是确定符合性时进行专业评判。该标准特别对检查机构的独立性提出了明确要求，根据独立性的程度分为A、B、C三类检查机构，并分别规定了应遵守的准则规定。

ISO/IEC 17020：2012最新版标准较1998版有较大变化，是各类检查机构建立检查工作质量管理体系、规范检查活动、证明检查工作能力的依据，也可供检查机构的顾客和认可机构承认和认可检查机构的能力时使用。

3. ISO/IEC 17011：2004《合格评定认可机构通用要求》

ISO和IEC于1988年发布了以下两个标准：

ISO/IEC导则54：1988《检测实验室认可体系——验收认可机构的通用建议》。

ISO/IEC导则55：1988《检测实验室认可体系——运作的通用要求》。

上述两项标准为建立实验室认可机构和开展实验室认可活动提供了指南。

在1990年第三版的ISO/IEC导则25发布后，ILAC又提出了对ISO/IEC导则54和导则55的修改要求，ISO/CASCO采纳了ILAC关于将导则54和导则55合并为一个标准，并也应适用于对校准实验室的认可体系的建议，经修订后于1993年发布了ISO/IEC导则58：1993《校准和检测实验室认可体系——运作和承认的通用要求》，从而取代了ISO/IEC导则54和导则55。

ISO/IEC导则58是为实验室认可机构的建立和实验室认可体系的运作而制定的，其目的是为实验室的双边认可以及进一步的国际多边认可奠定基础。

ISO/IEC导则58在导则54和导则55的基础上增加了实验室认可机构有效运作的三个基本条件：一是认可标准，即必须根据ISO/IEC导则25（或同等准则）的要求评审实验室；二是认可机构本身应具有明确的法律地位，并应具有相应的职责权利和运作认可工作质量管理体系的文件化的方针和程序，认可机构应对认可的批准、保持、延长、暂停和撤销的条件作出规定，应能提供与认可相关的文件并适时更新，还应具有足够数量的合格的评审员等资源条件；三是认可程序，即认可机构必须制订明确的描述认可活动各个阶段实施要求与方法的认可程序规则及其他相关文件，提供给申请认可的实验室和认可评审员使用，认可机构开展的能力验证活动要与ISO/IEC导则43的规定相一致。

ISO/IEC导则58还增加了认可机构对获得认可的实验室实施管理的要求，要确保认可实验室提供必要的便利条件以使认可机构能够核查实验室与认可要求的持续符合程度（常常以监督检查的形式体现），要求已认可实验室正确利用和宣传认可资格，认可机构规定认可实验室在发生可能影响认可资格的变更时应及时通知认可机构并进行调整，以及认可机构应定期编制认可实验室名录向社会公告所授予的认可等内容。

1998年ISO、IEC发布了ISO/IEC TR 17010：1998《检查机构的认可机构的通用要求》，如同ISO/IEC导则58规定了实验室认可机构的基本要求一样，本技术报告（TR）给出了对以认可检查机构为目的的认可机构的要求。其目的是为认可机构的建立和运行提供基础，并便于这样的机构之间就检查机构认可的相互承认达成有关协定。

该技术报告在以下方面对认可机构提出了明确要求：公正的组织结构与质量管理体系、从事认可工作的人员、认可过程、认可结果的引用、认可机构与检查机构之间的关系、对获得认可的检查机构情况变化的控制。

这份文件之所以作为技术报告形式出现，是因为当时国际上对检查机构的认可活动还处于研究发展阶段，相对成熟或意见趋于一致时再作为正式国际标准发布。

ISO/CASCO的第18工作组对ISO/IEC导则58：1993、ISO/IEC TR 17010：1998和ISO/IEC导则61等ISO和IEC已发布的有关认可机构和认可活动的导则标准进行修订，并于2004年9月1日正式发布了ISO/IEC 17011：2004《合格评定认可机构通用要求》，取代ISO/IEC导则58：1993、ISO/IEC TR 17010：1998和ISO/IEC导则61。ISO/IEC 17011：2004标准规定了认可机构实施认可评审活动的通用要求，是各国认可机构签署认可机构相互承认协议而实施的同行评审的基本要求。

4. ISO/IEC 17043：2010《合格评定能力验证通用要求》

ISO/IEC 17043《合格评定能力验证通用要求》是国际标准化组织2010年发布的标准，该标准将替代ISO/IEC导则43：1997《利用实验室间比对的能力验证》。

5. ISO/IEC导则2：2004《标准化和相关活动——通用术语》

该导则的第一版由ISO于1976年发布，几经修订，不断丰富。ISO/IEC导则2旨在使各成员以及各国、各地区、各层次与标准化有关的组织对一些基本概念达成共识。该指南还为标准化、认证和实验室认可方面的基本理论和行为准则提供了信息源。特别是指南中关于"一般符合评定"、"特性确定"、"符合性评定"等章节中给出的名词术语都直接为实验室检测和实验室认可工作所使用。ISO/IEC导则2已成为ISO和IEC发布的各类标准中引用最多的一份基础标准。

6. ISO/IEC 17000：2004《合格评定——词汇和通用原则》

长期以来，ISO/IEC指南2定义了合格评定的核心词汇。几年来，国际标准化组织合格评定委员会（ISO/CASCO）考虑到用于规范或指导合格评定活动的ISO/IEC 17000系列国际标准和相关指南的制修订工作全面展开，从ISO/IEC指南2中将合格评定术语（第12章至第17章）分离出来。在此基础上制定了一个独立的，与ISO 9000和已发布的ISO/IEC 17000系列标准协调一致的合格评定术语标准，2004年11月1日正式发布了ISO/IEC 17000：2004《合格评定——词汇和通用原则》，以此来方便和促进相关合格评定国际标准和指南的制修订，统一各方对合格评定工作的基本认识，是各国认证认可标准体系的基础与核心标准，为国际认证认可标准的制修订奠定一致性的基础。该标准定义了合格评定的基本术语，包括：与合格评定有关的通用术语、基础术语、与选取和确定有关的合格评定术语、预审查和证明有关的合格评定术语、与监督有关的合格评定术语以及与合格评定和贸易便利化有关的术语,并在附录A(资料性附录)中阐述了合格评定的原则。

7. ILAC文件

国际实验室认可合作组织(ILAC)为推进实验室认可工作的发展,自1994年起,制定发布了一系列的认可指南文件。这些文件既是实验室认可机构之间开展同行评审以签署双边/多边相互承认协议的基础,也是申请认可/已获得认可的实验室应了解掌握的重要信息,还可作为开展相关培训工作的重要参考资料。

(1)Promotional Brochures

★ ILAC B1:10/2015 Why Use an Accredited Laboratory

★ ILAC B3:10/2015 How Does Using an Accredited Laboratory Benefit Government & Regulators

★ ILAC B4:11/2015 The Advantages of Being An Accredited Laboratory

★ ILAC B5:06/2013 Securing testing, measurement or calibration services - The difference between accreditation and certification

★ ILAC B6:05/2011 Benefits for Laboratories Participating in Proficiency Testing Programs

★ ILAC B7:10/2015 The ILAC Mutual Recognition Arrangement

★ ILAC B9:02/2017   ISO 15189 Medical Laboratory Accreditation

★ ILAC B10:11/2012 Why use an accredited inspection body

★ ILAC B11:02/2017 Why become an accredited inspection body

★ ILAC B12:02/2017 How does accredited inspection benefit Government and Regulators

★ ILAC B13:09/2015 Why become an Accredited Reference Material Producer

★ ILAC Factsheet 03/2014 Specifying Accreditation in Regulation

★ IAF/ILAC B1:03/2014 The route to signing the IAF or ILAC Arrangement

★ IAF/ILAC B2:11/2012 How do I gain confidence in an Inspection Body? Do they need ISO 9001 Certification or ISO/IEC 17020 Accreditation

★ IAF/ILAC B3:2/2013 Accreditation: Supporting safe food and clean drinking water

★ IAF/ILAC B4:7/2013 Recommended guide for engaging with Government & Regulators

★ IAF/ILAC B5:11/2013 Accreditation: Facilitating world trade

★ IAF/ILAC B6:9/2014 Accreditation: Delivering confidence in the provision of energy

★ IAF/ILAC B7:2/2015 Accreditation: Supporting the Delivery of Health and Social Care

（2）Guidance Documents（G Series）

★ ILAC-G3:08/2012 Guidelines for Training Courses for Assessors Used by Accreditation Bodies

★ ILAC-G7:02/2016 Accreditation Requirements and Operating Criteria for Horseracing Laboratories

★ ILAC-G8:03/2009 Guidelines on the Reporting of Compliance with Specification

★ ILAC-G11:07/2006 Guidelines on Assessor Qualification and Competence of Assessors and Technical Experts

★ ILAC-G17:2002 Introducing the Concept of Uncertainty of Measurement in Testing in Association with the Application of the Standard ISO/IEC 17025

★ ILAC-G18:04/2010 Guideline for the Formulation of Scopes of Accreditation for Laboratories

★ ILAC-G19:08/2014 Modules in a Forensic Science Process

★ ILAC-G21:09/2012 Cross Frontier Accreditation — Principles for Cooperation

★ ILAC-G24:2007 Guidelines for the determination of calibration intervals of measuring instruments

★ ILAC-G26:07/2012 Guidance for the Implementation of a Medical Laboratory Accreditation System

（3）Policy Documents（P Series）

★ ILAC-P4:02/2016 ILAC Mutual Recognition Arrangement: Policy and Management

★ ILAC-P5:02/2016 ILAC Mutual Recognition Arrangement: Scope and Obligations

★ ILAC-P8:12/2012 ILAC Mutual Recognition Arrangement （Arrangement）: Supplementary Requirements and Guidelines for the Use of Accreditation Symbols and for

Claims of Accreditation Status by Accredited Laboratories and Inspection Bodies

★ ILAC–P9:06/2014 ILAC Policy for Participation in Proficiency Testing Activities

★ ILAC–P10:01/2013 ILAC Policy on Traceability of Measurement Results

★ ILAC P12:04/2009 Harmonisation of ILAC Work with the Regions

★ ILAC P13:10/2010 Application of ISO/IEC 17011 for the Accreditation of Proficiency Testing Providers

★ ILAC P14:01/2013 ILAC Policy for Uncertainty in Calibration

★ ILAC P15:07/2016 Application of ISO/IEC 17020:2012 for the Accreditation of Inspection Bodies

（4）Rules Documents（R Series）

★ ILAC–R1:09/2016 Management of ILAC Documents

★ ILAC–R2:09/2009 ILAC Rules

★ ILAC–R3:12/2014 ILAC Strategic Plan 2015–2020

★ Supplement 1 to ILAC R3:12/2014

★ ILAC–R4:10/2016 Use of the ILAC Logo and Tagline

★ ILAC–R5:04/2016 ILAC Procedure for Handling Complaints

★ ILAC–R6:02/2013 Structure of the ILAC Mutual Recognition Agreement and Procedure for Expansion of the Scope of the ILAC Arrangement

★ ILAC–R7:05/2015 Rules for the Use of the ILAC MRA Mark

（5）Joint ILAC/IAF Documents（A series）

★ IAF/ILAC A1:03/2017 IAF/ILAC Multi–Lateral Mutual Recognition Arrangements（Arrangements）: Requirements and Procedures for Evaluation of a Regional Group

★ IAF/ILAC A2:03/2017 IAF/ILAC Multi–Lateral Mutual Recognition Arrangements（Arrangements）: Requirements and Procedures for Evaluation of a Single Accreditation Body

★ IAF/ILAC A3:01/2013 IAF/ILAC Multi–Lateral Mutual Recognition Arrangements（Arrangements）: Narrative Framework for Reporting on the Performance of an Accreditation Body（AB）–A Tool for the Evaluation Process

★ IAF/ILAC A5:11/2013 IAF/ILAC Multi–Lateral Mutual Recognition

Arrangements（Arrangements）: Application of ISO/IEC 17011:2004

★ IAF/ILAC A6:02/2015 Approval Process for IAF/ILAC A-Series Documents

以上已发布ILAC文件起到了保持实验室认可工作一致性的作用，有些文件ILAC规定ILAC-MRA成员强制采用，促进了世界各国、各地区实验室活动和实验室认可工作的发展。

8. APLAC文件

为保证APLAC实验室认可机构运作的协调一致，APLAC在采纳ILAC文件的同时，也公布了如下文件：

（1）Joint APLAC/PAC Series

★ J-APP-DOC-000 Issue No. 1, 2014/01 Joint APLAC/PAC Document Control Procedure

★ J-APP-DOC-001 Issue No. 1, 2016/04 Procedure for Joint and Concurrent Evaluations by APLAC and PAC

（2）MR Series

★ APLAC MR 001 Issue No. 21, 2014/09 Procedures for Establishing and Maintaining the APLAC Mutual Recognition Agreement Amongst Accreditation Bodies

★ APLAC MR 002 (rev 3) 03/13 Asia Pacific Laboratory Accreditation Cooperation Mutual Recognition Arrangement (MRA) text

★ APLAC MR 003 Issue No. 18, 03/13 Application to Enter the APLAC MRA or to Extend Scope

★ APLAC MR 004 Issue No. 14, 2014/09 APLAC Evaluators - Qualifications, Training and Monitoring of Performance

★ APLAC MR 006 Issue No. 4, 2014/11 APLAC Procedure for the Conduct of Joint Evaluation with Another Regional Cooperation

★ APLAC MR 007 Issue No. 4, 03/13 APLAC Evaluation checklist

★ APLAC MR 008 Issue No. 9 2014/09 APLAC MRA Council - Rules for Its Operation

★ APLAC MR 009 Issue No. 5, 03/13 APLAC Evaluation Report Template

★ APLAC MR 010 Issue No. 3, 03/11 Guidelines for APLAC MRA Signatories: Requests to Accredit in Another APLAC Economy and Transfers of Accreditation

★ APLAC MR 011 Issue No. 3, 03/13 A Guide for APLAC Evaluation Teams for the Planning and Conduct of Evaluations

★ APLAC MR 012 Issue No. 1, 2015/12 APLAC MRA Council Proxy Procedure

（3）MS series

★ APLAC MS 000 APLAC Management System Manual Issue No. 1, 2015/12 - Describes the APLAC management system

★ APLAC MS 001 Document Control Issue No. 2, 2016/06 - Describes the APLAC Document Control procedure

（4）PT series

★ APLAC PT 001 Issue No. 5, 03/08 APLAC Calibration Interlaboratory Comparisons

★ APLAC PT 002 Issue No. 6, 03/08 APLAC Testing Interlaboratory Comparisons

★ APLAC PT 003 Issue No. 15, 11/10 APLAC Proficiency Testing Directory

★ APLAC PT 004 APLAC Measurement Audits – Withdrawn

★ APLAC PT 005 Issue No. 2, 09/10 Artefacts for Measurement Audits

★ APLAC PT 006 Issue No. 2, 09/10 Proficiency Testing Frequency Benchmarks

（5）PR series

★ APLAC PR 007 Issue No. 38, 2015/04 APLAC - Its Role and Structure - PowerPoint Presentation

★ APLAC PR 008 Issue No. 57, 2015/07 International Recognition of Accredited Test, Calibration and Inspection Reports

★ APLAC PR 009 Issue No. 9, 09/10 APLAC Procedures for Editors of APLAC News Notes

★ APLAC PR 010 Issue No. 2, 09/10 Encouraging Accredited Laboratories and Inspection Bodies to Use Their Accreditation Body's Accreditation Symbol on Reports

★ APLAC PR 011 Issue No. 2, 09/10 Guidance for the Promotion of the APLAC MRA

（6）SEC series

★ APLAC SEC 017 Issue No. 15, 2017/02 Application Form for Membership of APLAC

★ APLAC SEC 027 Issue No. 46, 2015/05 Public Information Committee

★ APLAC SEC 028 Issue No. 70, 2015/08 Proficiency Testing Committee

★ APLAC SEC 029 Issue No. 60, 2017/02 Technical Committee

★ APLAC SEC 030 Issue No. 47, 2016/10 Training Committee

★ APLAC SEC 038 Issue No. 66, 2017/02 APLAC Membership Summary List

★ APLAC SEC 039 Issue No. 42, 2016/12 APLAC MRA Signatory List

★ APLAC SEC 041 Issue No. 11, 2014/04 APLAC Guidelines for Hosts of the APLAC General Assembly and Associated Meetings (only available from the Secretariat)

★ APLAC SEC 042 Issue No. 6, 09/10 APLAC Code of Ethics

★ APLAC SEC 046 Issue No. 4, 12/11 Guidelines for the Use of the APLAC Logo

★ APLAC SEC 052 Issue No. 4, 2016/01 APLAC Constitution

★ APLAC SEC 053 Issue No. 3, 02/13 APLAC Strategic Plan 2022

★ APLAC SEC 054 Issue No. 1, 2014/12 APLAC Code of Conduct

★ APLAC SEC 055 Issue No. 1, 2015/12 APLAC Obligations of Members

★ APLAC SEC 100 Issue No. 1, 2015/09 File Maintenance and Record Keeping

★ APLAC SEC 101 Issue No. 1, 2015/09 Checklist for Committee Chairs

★ APLAC SEC 102 Issue No. 1, 2015/09 Counting Preferential Votes

★ APLAC SEC 103 Issue No. 1, 2015/09 Annual Membership Fees

★ APLAC SEC 104 Issue No. 1, 2015/09 Requests for APLAC Funding

★ APLAC SEC 105 Issue No. 1, 2015/09 Processing changes of an APLAC MRA Signatory organisation

（7）TC series

★ APLAC TC 002 Issue No. 4, 09/10 Internal Audits for Laboratories and Inspection Bodies

★ APLAC TC 003 Issue No. 4, 09/10 Management Review for Laboratories and Inspection Bodies

★ APLAC TC 004 Issue No. 4, 09/10 Method of Stating Test and Calibration Results and Compliance with Specification

★ APLAC TC 005 Issue No. 4, 09/10 Interpretation and Guidance on the Estimation of Uncertainty of Measurement in Testing

★ APLAC TC 006 Issue No. 2, 09/10 Guidance Notes on ISO/IEC 17020

★ APLAC TC 007 Issue No. 4, 2014/01 APLAC Guidelines for Food Testing Laboratories

★ APLAC TC 008 Issue No. 5, 2015/03 APLAC Requirements and Guidance on the Accreditation of a Reference Material Producer

★ APLAC TC 009 Issue No. 2, 09/10 APLAC Guidance on Assessing Laboratories Inspection Bodies to meet Foreign Regulatory Requirements

★ APLAC TC 010 Issue No. 2, 09/10 General Information on Uncertainty of Measurement

★ APLAC TC 011 Issue No. 2, 09/10 The importance of testing methods in chemical and microbiological testing

★ APLAC TC 012 Issue No. 2, 09/10 Guidelines for acceptability of chemcial reference materials and commercial chemicals for calibration of equipment used in chemical testing

★ APLAC TC 013 Issue No. 2, 15/08 Guidance for the assessment, reassessment, and surveillance of "key activities" at laboratories with multiple locations

（8）TR series

★ APLAC TR 001 Issue No. 5, 2014/08 Guidelines on Training Courses for Assessors

★ APLAC TR 002 Issue No. 2, 09/10 Guidelines for Formulating Training Proposals, Obtaining Funding and Delivering Training

★ APLAC TR 003 Issue No. 2, 09/10 Cross-Posting of Staff Among APLAC Member Accreditation Bodies

★ APLAC TR 004 Issue No. 2, 09/10 Guidelines for Sharing Assessment Personnel Among APLAC Member Accreditation Bodies

第三节　我国的实验室认可活动

一、我国实验室认可活动的产生和发展

我国实验室认可活动可以追溯到1980年。当时原国家标准局和原国家进出口商品检验局共同派员组团参加了当年在法国巴黎召开的国际实验室认可工作会议（ILAC）。ILAC的宗旨和目的是通过实验室认可机构之间签署相互承认协议，达到相互承认认可的实验室出具的检测报告，从而减少贸易中商品的重复检测，消除技术壁垒，促进国际贸易发展，这与中国改革开放的政策相符。因此，原国家标准局和原国家进出口商品检验局分别研讨和逐步组建了实验室认可体系。

1979年成立的原国家标准局内设质量监督局负责全国质检机构的规划建设和考核工作。1983年原中国国家进出口商品检验局会同机械工业部实施机床工具出口产品质量许可制度，对承担该类产品检测任务的5个检测实验室进行了能力评定。此时政府部门既是出口产品质量许可制度的组织实施者，也是实验室检测结果的用户。对实验室检测能力的评价考核，不仅使通过评价的实验室具备了承担国家指令性检测任务的资格，还促进了实验室的管理工作，提高了其检测结果的可信性。

1986年，通过国家经济管理委员会授权，原国家标准局开展对检测实验室的审查认可工作，同时原国家计量局依据《计量法》对全国的产品质检机构开展计量认证工作。计量认证和审查认可是我国政府对实验室的两套考核制度，经过20多年的发展，现由国家认证认可监督管理委员会统一管理，并形成了实验室和检查机构的资质认可制度。

1994年原国家技术监督局成立了"中国实验室国家认可委员会"（CNACL），并依据ISO/IEC导则58运作。

1989年原中国国家进出口商品检验局成立了"中国进出口商品检验实验室认证管理委员会"，形成了以中国国家进出口商品检验局为核心，由东北、华北、华东、中南、西南和西北6个行政大区实验室考核领导小组组成了进出口领域实验室认可工作体系。1996年，依据ISO/IEC导则58，改组成立了"中国国家进出口商

品检验实验室认可委员会"（CCIBLAC）。2000年8月召开的CCIBLAC第二届委员会第一次会议上，将CCIBLAC名称更为"中国国家出入境检验检疫实验室认可委员会"。

我国的实验室认可工作是从起初的以行政管理为主导，逐步向市场经济下的自愿、开放的认可体系过渡。CNACL于1999年、CCIBLAC于2001年分别顺利通过APLAC同行评审，签署了APLAC相互承认协议。

随着中国改革开放的深入与经济实力的增强，中国的进出口贸易总额有了快速增长，面临经济全球化和中国加入世界贸易组织（WTO）的新形式，中国的实验室认可工作需要进一步的提高，其发展方向要与国际同步。2002年7月4日，原CNACL和原CCIBLAC合并成立了"中国实验室国家认可委员会"（CNAL），实现了我国统一的实验室认可体系；2006年3月31日，为了进一步整合资源，发挥整体优势，国家认证认可监督管理委员会决定将中国实验室国家认可委员会（CNAL）和中国认证机构国家认可委员会（CNAB）合并，成立了中国合格评定国家认可委员会（CNAS）。

二、中国合格评定国家认可委员会（CNAS）

中国合格评定国家认可委员会，英文名称为: China National Accreditation Service for Conformity Assessment（英文缩写: CNAS），是根据《中华人民共和国认证认可条例》的规定，由国家认证认可监督管理委员会批准设立并授权的国家认可机构，统一负责对认证机构、实验室和检验机构等相关机构的认可工作。CNAS秘书处设在中国合格评定国家认可中心（以下简称认可中心）。认可中心作为CNAS的法律依托单位，承担CNAS开展认可活动所引发的法律责任。CNAS依据国家相关法律法规，国际和国家标准、规范等开展认可工作，遵循客观公正、科学规范、权威信誉、廉洁高效的工作原则。CNAS不以营利为目的，其经费来源于认可及相关活动的收费和政府的资助。CNAS不接受任何影响认可公正性的资助。CNAS不从事任何有可能妨碍其认可工作公正性的其他活动，如帮助实验室建立、保持管理体系，或者帮助其获得认可或提供咨询等业务。认可委员会的宗旨是推进合格评定机构按照相关的标准和规范等要求加强建设，促进合格评定机构以公正的行为、科学的手段、准确的结果有效地为社会提供服务。并根据国家相关法律法规，国际和国家标准、规范等开展认可工作，遵循客观公正、科学规范、权威信誉、廉洁高效的工作原则，确保认可工作的公正性，并对作出的认可决定负责。

认可委员会对在合格评定机构中获得的有关合格评定机构的非公开信息保守秘密。除认可公告等规定的公开信息外，未经相应合格评定机构的书面同意，不向其他单位和人员透露（法律和法规另有规定者除外），并接受国家认证认可监督管理委员会的监督管理。

1. CNAS的任务

按照我国有关法律法规，国际和国家标准、规范等，建立并运行合格评定机构国家认可体系，制定并发布认可工作的规则、准则、指南等规范文件；对境内外提出申请的合格评定机构开展能力评价，作出认可决定，并对获得认可的机构进行认可监督管理；对认可委员会徽标和认可标识的使用进行指导和监督管理；组织开展与认可相关的人员培训工作，对评审人员进行资格评定和聘用管理；为合格评定机构提供相关技术服务，为社会各界提供获得认可的机构的公开信息；参加与合格评定及认可相关的国际活动，与有关认可及相关机构和国际合作组织签署双边或多边认可合作协议，处理与认可有关的申诉和投诉工作，承担政府有关部门委托的工作，开展与认可相关的其他活动。

2. CNAS的组织结构

认可委员会的组织结构包括：全体委员会、执行委员会、认证机构技术委员会、实验室技术委员会、检查机构技术委员会、评定委员会、申诉委员会、最终用户委员会和秘书处，根据需要还可增设其他专门委员会。全体委员会由认可工作有关的政府部门、合格评定机构、合格评定服务对象、合格评定使用方和相关的专业机构与技术专家等方面代表组成。全体委员会的构成符合利益均衡的原则，任何一方均不占支配地位。

全体委员会的委员组成由国家认证认可监督管理委员会批准，委员人选由委员单位推荐，每届任期4年。全体委员会委员可根据需要进行增补，增补的程序与初始产生的程序相同。设主任一名、常务副主任一名、副主任若干名，由全体委员会选举产生，每届任期4年；执行委员会由全体委员会主任、常务副主任、副主任及秘书长组成，每届任期4年。全体委员会主任为执行委员会主任，全体委员会常务副主任为执行委员会副主任，全体委员会副主任及秘书长为执行委员会委员。

认证机构技术委员会、实验室技术委员会和检查机构技术委员会是由全体委员会批准设立的专门委员会,按照公正性原则,主要由相关的利益方代表组成;评定委员会和申诉委员会是由全体委员会批准设立的专门工作机构,由相关人员组成;根据工作需要,经全体委员会或执行委员会批准,可增设其他的专门委员会。

秘书处为认可委员会的常设执行机构,设在中国合格评定国家认可中心,为认可委员会的法律实体;认可委员会设秘书长一名、副秘书长若干名。

3. CNAS的职责

全体委员会是认可委员会的最高权力机构,对认可体系的建立和运行全面负责,包括以下方面:

制定认可委员会章程,批准发布认可委员会的方针、政策、规则和准则等重要认可文件,监督认可委员会方针、政策、规则和准则等的实施,监督认可工作的财务状况,决定认可资格,监督与外部机构签订协议,设立并授权专门委员会、专门工作机构负责开展相关的活动,授权秘书长负责秘书处的工作,决定认可委员会的其他重要事项。

全体委员会每年度至少召开一次会议。会议应有三分之二以上委员出席,其决议需有超过参会委员半数同意方为有效,执行委员会在全体委员会闭会期间履行全体委员会授予的职责;认证机构技术委员会、实验室技术委员会和检查机构委员会的职责是负责审定相应认可领域的认可规则或准则及应用指南、说明等公开文件,对相应认可规则、准则和指南文件的实施进行技术指导,向全体委员会提出相关建议;根据工作需要,认证机构委员会、实验室技术委员会和检查机构技术委员会可设立若干专业委员会,承担相应的专业技术工作。

评定委员会的职责是根据认可规则和准则等的要求,对认可评审的结论及相关信息进行审查,并作出有关是否批准、保持、扩大、缩小、暂停、撤销认可资格的决定意见;申诉委员会的职责是对认可申诉组织调查,并作出认可申诉处理的决定。最终用户委员会的职责是向CNAS提出有关建议和意见,反馈有关合格评定结果的信息。

秘书处负责认可委员会的日常工作,对认可工作承担法律责任,主要职责为:

执行全体委员会的决议,并向全体委员会报告工作;编制认可规则、准则和指南等认可工作的公开文件;制定和实施内部管理体系文件;签订与外部机构的协议;受理认可申请,组织认可评审,签发认可证书,实施认可后续监督;受理认可申诉、投诉; 开展认可相关的其他活动。

4. CNAS认可管理体系

CNAS按照国际标准ISO/IEC 17011《合格评定认可机构通用要求》建立和保持认可管理体系, 为国内外的合格评定机构提供认可服务。CNAS的质量手册和程序文件阐述了质量方针并描述了管理体系的要求和认可活动阶段的方式方法。

CNAS认可活动范围包括对认证机构、检测和校准实验室、检查机构、能力验证提供者和标准物质生产者的认可。

根据认可制度的运行情况, CNAS对原CNAL和CNAB认可规范文件进行了修订, 且遵循统一、协调、连续的基本原则, 具体体现为以下方面:

将CNAB和CNAL两套认可规范文件合并为一套统一的CNAS认可规范。

认可规范文件之间的内容、用语协调一致。

修订内容主要是CNAS通用认可规则, 对于适用于各特定认可制度的CNAB和CNAL认可规范文件的内容原则上不做大的改变。

CNAS的认可规范文件由认可规则、准则、指南和认可方案四部分组成。包括适用于CNAS全部认可制度的通用认可规则和适用于特定认可制度的专用认可规则, 适用于CNAS特定认可制度的基本认可准则和适用于特定认可制度中的某些专业领域的应用说明、应用指南、认可指南和认可方案。

CNAS现已发布实施的认可规范文件如下:

认可规则:

（1）通用认可规则

CNAS-R01: 2017 《认可标识和认可状态声明管理规则》

CNAS-R02: 2015 《公正性和保密规则》

CNAS-R03: 2015 《申诉、投诉和争议处理规则》

（2）实验室专用认可规则

CNAS-RL01: 2016 《实验室认可规则》

CNAS-RL02: 2016 《能力验证规则》

CNAS-RL03: 2017 《实验室和检查机构认可收费管理规则》

CNAS-RL04: 2009 《境外实验室和检查机构受理规则》

CNAS-RL05: 2016 《实验室生物安全认可规则》

CNAS-RL06: 2016 《能力验证提供者认可规则》

CNAS-RL07：2016《标准物质/标准样品生产者认可规则》

（3）实验室基本认可准则

CNAS-CL01：2006《检测和校准实验室能力认可准则》（ISO/IEC17025：2005）

CNAS-CL02：2012《医学实验室质量和能力认可准则》（ISO 15189：2012）

CNAS-CL03：2010《能力验证提供者认可准则》（ISO/IEC 17043：2010）

CNAS-CL04：2010《标准物质/标准样品生产者能力认可准则》（ISO Guide34：2009）

CNAS-CL05：2009《实验室生物安全认可准则》（GB19489-2008）

CNAS-CL08：2013《司法鉴定/法庭科学机构能力认可准则》

（4）实验室认可应用准则

CNAS-CL06：2014《测量结果的溯源性要求》

CNAS-CL07：2011《测量不确定度的要求》

CNAS-CL09：2013《检测和校准实验室能力认可准则在微生物检测领域的应用说明》

CNAS-CL10：2012《检测和校准实验室能力认可准则在化学检测领域的应用说明》

CNAS-CL11：2015《检测和校准实验室能力认可准则在电气检测领域的应用说明》

CNAS-CL12：2006《实验室能力认可准则在医疗器械检测领域的应用说明》

CNAS-CL13：2015《检测和校准实验室能力认可准则在汽车和摩托车检测领域的应用说明》

CNAS-CL14：2010《检测和校准实验室能力认可准则在无损检测领域的应用说明》

CNAS-CL15：2006《实验室能力认可准则在电声检测领域的应用说明》

CNAS-CL16：2006《检测和校准实验室能力认可准则在电磁兼容检测领域的应用说明》

CNAS-CL17：2015《检测和校准实验室能力认可准则在玩具检测领域的应用说明》

CNAS-CL18：2013《检测和校准实验室能力认可准则在纺织检测领域的应用说

明》

CNAS-CL19：2010《检测和校准实验室能力认可准则在金属材料检测领域的应用说明》

CNAS-CL20：2014《检测和校准实验室能力认可准则在非固定场所检测活动中的应用说明》

CNAS-CL21：2015《检测和校准实验室能力认可准则在卫生检疫领域的应用说明》

CNAS-CL22：2015《检测和校准实验室能力认可准则在动物检疫领域的应用说明》

CNAS-CL23：2015《检测和校准实验室能力认可准则在植物检疫领域的应用说明》

CNAS-CL24：2015《检测和校准实验室能力认可准则在珠宝玉石贵金属检测领域的应用说明》

CNAS-CL25：2014《检测和校准实验室能力认可准则在校准领域的应用说明》

CNAS-CL26：2014《检测和校准实验室能力认可准则在感官检测领域的应用说明》

CNAS-CL27：2014《司法鉴定/法庭科学机构能力认可准则在电子物证鉴定领域的应用说明》

CNAS-CL28：2014《司法鉴定/法庭科学机构能力认可准则在法医物证DNA鉴定领域的应用说明》

CNAS-CL29：2014《司法鉴定/法庭科学机构能力认可准则在微量物证鉴定领域的应用说明》

CNAS-CL30：2010《标准物质/标准样品证书和标签的内容》

CNAS-CL31：2011《内部校准要求》

CNAS-CL32：2011《检验医学领域参考测量实验室的特定认可要求》

CNAS-CL33：2011《检测和校准实验室能力认可准则在临床酶学参考测量领域的应用说明》

CNAS-CL34：2012《检测和校准实验室能力认可准则在基桩检测领域的应用说明》

CNAS-CL35：2012《医学实验室质量和能力认可准则在实验室信息系统的应用

说明》

　　CNAS-CL36：2012《医学实验室质量和能力认可准则在分子诊断领域的应用说明》

　　CNAS-CL37：2012《医学实验室质量和能力认可准则在组织病理学检查领域的应用说明》

　　CNAS-CL38：2012《医学实验室质量和能力认可准则在临床化学检验领域的应用说明》

　　CNAS-CL39：2012《医学实验室质量和能力认可准则在临床免疫学定性检验领域的应用说明》

　　CNAS-CL40：2012《医学实验室质量和能力认可准则在输血医学领域的应用说明》

　　CNAS-CL41：2012《医学实验室质量和能力认可准则在体液学检验领域的应用说明》

　　CNAS-CL42：2012《医学实验室质量和能力认可准则在临床微生物学检验领域的应用说明》

　　CNAS-CL43：2012《医学实验室质量和能力认可准则在临床血液学检验领域的应用说明》

　　CNAS-CL44：2015《检测和校准实验室能力认可准则在建设工程检测领域的应用说明》

　　CNAS-CL45：2013《检测和校准实验室能力认可准则在软件检测领域的应用说明》

　　CNAS-CL46：2013《检测和校准实验室能力认可准则在信息安全检测领域的应用说明》

　　CNAS-CL47：2014《司法鉴定/法庭科学机构能力认可准则在法医学鉴定领域的应用说明》

　　CNAS-CL48：2014《司法鉴定/法庭科学机构能力认可准则在文书鉴定领域的应用说明》

　　CNAS-CL49：2014《司法鉴定/法庭科学机构能力认可准则在痕迹鉴定领域的应用说明》

　　CNAS-CL50：2014《司法鉴定/法庭科学机构能力认可准则在法医毒物分析和

毒品鉴定领域的应用说明》

CNAS-CL51：2014《医学实验室质量和能力认可准则在细胞病理学检查领域的应用说明》

CNAS-CL52：2014《CNAS-CL01〈检测和校准实验室能力认可准则〉应用要求》

CNAS-CL53：2016《实验室生物安全认可准则对关键防护设备评价的应用说明》

CNAS-CL54：2014《检测和校准实验室能力认可准则在血细胞分析参考测量领域的应用说明》

CNAS-CL55：2014《检测和校准实验室能力认可准则在光伏产品检测领域的应用说明》

CNAS-CL56：2014《检测和校准实验室能力认可准则在建材检测领域的应用说明》

CNAS-CL57：2015《能力验证提供者认可准则在微生物领域的应用说明》

CNAS-CL58：2015《检测和校准实验室能力认可准则在实验动物检测领域的应用说明》

CNAS-CL59：2016《检测和校准实验室能力认可准则在代谢物和非肽激素参考测量应用说明》

CNAS-CL61：2016《实验室生物安全认可准则对移动式实验室评价的应用说明》

CNAS-CL62：2016《检测和校准实验室能力认可准则在基因扩增检测领域的应用说明》

CNAS-CL63：2017《司法鉴定/法庭科学机构能力认可准则在声像资料鉴定领域的应用说明》

（5）实验室认可指南

CNAS-GL01：2015《实验室认可指南》

CNAS-GL02：2014《能力验证结果的统计处理和能力评价指南》

CNAS-GL03：2006《能力验证样品均匀性和稳定性评价指南》

CNAS-GL06：2006《化学分析中不确定度的评估指南》

CNAS-GL07：2006《电磁干扰测量中不确定度的评定指南》

CNAS-GL08：2006《电器领域不确定度的评估指南》

CNAS-GL09：2014《实验室认可评审不符合项分级指南》

CNAS-GL10：2006《材料理化检验测量不确定度评估指南及实例》

CNAS-GL11：2007《检测和校准实验室能力认可准则在软件和协议检测领域的应用指南》

CNAS-GL12：2007《实验室和检验机构内部审核指南》

CNAS-GL13：2007《实验室和检验机构管理评审指南》

CNAS-GL18：2008《量值溯源在医学领域的实施指南》

CNAS-GL26：2014《感官检验领域实验室认可技术指南》

CNAS-GL27：2009《声明检测或校准结果及与规范符合性的指南》

CNAS-GL28：2010《石油石化领域理化检测测量不确定度评估指南及实例》

CNAS-GL29：2010《标准物质/标准样品定值的一般原则和统计方法》

CNAS-GL30：2016《标准物质/标准样品生产者能力认可指南》

CNAS-GL31：2011《能力验证提供者认可指南》

CNAS-GL32：2012《司法鉴定法庭科学领域检验鉴定能力验证实施指南》

CNAS-GL33：2012《医学领域定性检测能力验证实施指南》

CNAS-GL34：2013《基于质控数据环境检测测量不确定度评定指南》

CNAS-GL35：2014《汽车和摩托车检测领域典型参数的测量不确定度评估指南》

CNAS-GL36：2014《司法鉴定法庭科学鉴定过程的质量控制指南》

CNAS-GL37：2015《校准和测量能力（CMC）表示指南》

CNAS-GL38：2016《无线电领域检测不确定度评估指南及实例》

CNAS-GL39：2016《化学分析实验室内部质量控制指南——控制图的应用》

CNAS-GL40：2016《能力验证的选择核查与利用指南》

CNAS-GL41：2016《临床微生物检验程序验证指南》

CNAS-GL42：2016《基因扩增领域检测实验室认可指南》

CNAS-GL43：2016《企业内部检测实验室认可指南》

（6）实验室认可方案

CNAS-SL01：2012《中国计量科学院认可方案》

CNAS-SL02：2012《"能源之星"实验室认可方案》

CNAS-SL03: 2012《反兴奋剂实验室认可方案》

CNAS实验室专业委员会：

1）CNAS实验室专门委员会动植物检疫专业委员会

2）CNAS实验室专门委员会标准物质/标准样品专业委员会

3）CNAS实验室专门委员会法庭科学专业委员会

4）CNAS实验室专门委员会机械专业委会

5）CNAS实验室专门委员会医学专业委员会

6）CNAS实验室专门委员会电磁兼容专业委员会

7）CNAS实验室专门委员会电气专业委员会

8）CNAS实验室专门委员会食品专业委员会

9）CNAS实验室专门委员会生物安全专业委员会

10）CNAS实验室专门委员会药品专业委员会

11）CNAS实验室专门委员会能力验证专业委员会

12）CNAS实验室专门委员会石油石化专业委员会

13）CNAS实验室专门委员会化学专业委员会

14）CNAS实验室专门委员会纤纺专业委员会

15）CNAS实验室专门委员会信息技术专业委员会

16）CNAS实验室专门委员会校准专业委员会

17）CNAS实验室专门委员会纳米专业委员会

5. CNAS实验室认可领域分类

实验室认可领域分类是实验室认可制度的基础，是实验室认可工作的重要组成部分，对于推动实验室的国家认可工作能够起到积极作用。

随着国民经济和社会的不断进步以及我国认可事业的快速发展，实验室认可领域涉及面越来越广，认可技术工作越来越细化，《实验室认可领域分类》在使用过程中的不足已逐渐显现，如部分实验室认可领域分类描述不准确、某些实验室认可领域分类缺失、有些实验室认可领域分类之间出现交叉和重复等，这些问题制约着实验室认可质量的进一步提升。与此同时，随着认可信息化建设的发展，对《实验室认可领域分类》的统计查询功能也提出了新的要求。

在这一背景下，为有效解决《实验室认可领域分类》（CNAS-AL06: 2011）中重复交叉和缺失问题，在对《实验室认可领域分类》（CNAS-AL06: 2011）应用进行充分调研和分析以及充分借鉴国外和境外认可机构实验室认可领域分类优势的基础上, CNAS 对《实验室认可领域分类》(CNAS-AL06: 2011)进行了改进和完善, 形成了《实验室认可领域分类》(CNAS-AL06: 2015), 以供实验室、评审员及 CNAS 秘书处工作人员使用。

第四节 CNAS实验室认可的意义与条件

一、实验室认可的意义

在市场经济中, 实验室是为贸易双方提供检测、校准服务的技术组织, 实验室需要依靠其完善的组织机构、高效的质量管理和可靠的技术能力为社会与客户提供检测服务。

认可是"正式表明合格评定机构具备实施特定合格评定工作能力的第三方证明"。"认可机构是实施认可的权威机构"。(引自ISO/IEC 17011: 2004)。实验室认可是由认可机构对实验室的能力按照约定的标准进行评价, 并将评价结果向社会公告以正式承认其能力的活动。

围绕检测、校准结果的可靠性这个核心, 实验室认可对客户、实验室的自我发展和商品的流通具有重要意义, 归纳起来有以下五个方面:

1. 贸易发展的需要

实验室认可体系在全球范围内得到了重视和发展, 其原因主要有两个方面: 一是由于检测和校准服务质量的重要性在世界贸易和各国经济中的作用日益突出。产品类型与品种迅速增长, 技术含量越来越高, 相应的产品规范和法规日趋繁杂, 因而对实验室的专业技术能力、对检测与校准结果正确性和有效性的要求也日益迫切。因此, 如何向社会提供对这种要求的保证就成为重要课题。二是国际贸易随着二战经济的复苏和其后的迅速发展形成了日趋激烈的竞争形势。在经济全球化的趋势下, 竞争者均力图开发支持其竞争的新策略, 其中重要的一环就是通过检测显示其产品的高技术和高质量, 以加大进入其他国家市场的力度, 并借用检测形成某种技术性贸易壁垒, 阻挡外来商品进入本国/本地区的市场, 这就对实验室检测服务的客观保证提出了更高要求。正是由于以上两方面需求的推动,实验室认可工作才得以迅速发展。

各国通过签署多边或双边互认协议,促进检测结果的国际互认,避免重复性检测,降低成本,简化程序,保证国际贸易的有序发展。

2. 政府管理部门的需要

政府管理部门在履行宏观调控、规范市场行为和保护消费者的健康和安全的职责中,也需要客观、准确的检测数据来支持其管理行为,通过实验室认可,保证各类实验室能按照一个统一的标准进行能力评价。

3. 社会公正和社会公证活动的需要

司法鉴定结果数据的有效性,事关社会法律体系的公正性,因而越来越被认识,同时,现在产品质量责任的诉讼不断增加,产品检测结果往往成为责任划分的重要依据。因此对检测数据的技术有效性和实验室的公正和独立性保障越来越成为关注的焦点,所以需要通过实验室认可来保证实验室的校准/检测能力得到社会承认。

4. 产品认证发展的需要

近些年产品认证在国内外迅速发展,已经成为政府管理市场的重要手段,产品认证需要实验室检测结果的支持。

5. 实验室自我改进和参与检测市场竞争的需要

实验室按特定准则要求建立质量管理体系,不仅可以向社会、向客户证明自己的技术能力,而且还可以实现实验室的自我改进和自我完善,不断提高检测技术能力,适应检测市场不断提出的新要求。

二、实验室认可的条件

1. 申请人具有明确的法律地位,其活动要符合国家法律法规的要求

实验室是独立法人实体,或者是独立法人实体的一部分,经法人批准成立,法人实体能为申请人开展的活动承担相关的法律责任。实验室要在其法人执照许可经营的范围内开展工作。实验室在提交认可申请时需同时提交法人证书(或法人营业执照),对于非独立法人实验室,还需提供法人授权书和承担实验室相关法律责任的声明。

2. 建立了符合认可要求的管理体系,且正式、有效运行 6 个月以上,进行覆盖管理体系全范围和全部要素的完整的内审和管理评审

所谓正式运行，是指初次建立管理体系的实验室，一般要先进入试运行阶段，通过内审和管理评审，对管理体系进行调整和改进，然后再正式运行。

所谓有效运行一般是指管理体系所涉及的要素都经过运行，且保留有相关记录。

实验室建立的管理体系既要符合基本认可准则的要求，同时还要满足专用认可规则类文件、要求类文件及基本认可准则在专业领域应用说明的要求。

3. 申请的技术能力满足 CNAS-RL02《能力验证规则》的要求

根据CNAS-RL02的规定：只要存在可获得的能力验证，合格评定机构初次申请认可的每个子领域应至少参加过1 次能力验证且获得满意结果（申请认可之日前3年内参加的能力验证有效）。

对于不能提供满意结果的能力验证，将不受理该子领域的认可申请。

申请认可的项目如果不存在可获得的能力验证，实验室也要尽可能地与已获认可的实验室进行实验室间比对，以验证是否具备相应的检测/校准能力。

4. 申请人具有开展申请范围内的检测/校准活动所需的足够的资源

"足够的资源"是指有满足 CNAS 要求的人员，且人员数量、工作经验与实验室的工作量、所开展的活动相匹配。实验室的主要管理人员和所有从事检测或校准活动的人员要与实验室或其所在法人机构有长期固定的劳动关系，不能在其他同类型实验室中从事同类的检测或校准活动；实验室的检测/校准环境能够持续满足相应检测标准、校准规范的要求；实验室有充足的、与其所开展的业务、工作量相匹配的仪器设备和标准物质，且实验室对该仪器设备具有完全的使用权。

5. 使用的仪器设备的测量溯源性要能满足 CNAS相关要求

对于能够溯源至SI单位的仪器设备，实验室选择的校准机构要能够符合CNAS-CL06《测量结果的溯源性要求》中的规定。

实验室需对实施内部校准的仪器设备和无法溯源至SI单位的仪器设备予以区分。对于实施内部校准的检测实验室，要符合CNAS-CL31《内部校准要求》的规定；对于无法溯源至SI 单位的，要满足CNAS-CL01《检测和校准实验室能力认可准则》的要求。

6. 申请认可的技术能力有相应的检测/校准经历

实验室申请认可的检测/校准项目，均要有相应的检测/校准经历，且是实验室经常开展的、成熟的、主要业务范围内的主要项目，不接受实验室只申请非主要业务的项目,也不允许实验室仅申请某一产品的非主要检测项目。

不接受实验室仅申请抽样(采样)能力,抽样(采样)能力要与相应的检测能力同时申请认可。

不接受实验室仅申请判定标准,要与相应的检测能力(标准)同时申请认可。不接受实验室仅申请仪器方法通则,要与相应的样品前处理能力(标准)同时申请认可。

对于未获批准的标准/规范(含标准报批稿),不接受作为标准方法申请认可,实验室可以作业指导书(SOP)等非标方法形式申请认可,但要注意非标方法必须按照认可准则要求经过严格确认。

注:检测/校准经历不要求一定是对外出具的检测报告/校准证书。

7. 申请人申请的检测/校准能力,CNAS 具备开展认可的能力

对于实验室申请的检测/校准能力,CNAS 秘书处要从认可政策、评审员和技术专家资源、及时实施评审的能力等方面进行评估,只要不具备任何一方面能力,均不能受理实验室的认可申请。

第五节 检验检测机构资质认定

2015年4月9日,国家质量监督检验检疫总局令第163号发布了《检验检测机构资质认定管理办法》(以下简称《办法》),自2015年8月1日起施行,同时废止由国家质量监督检验检疫总局于2006年2月21日发布的《实验室和检查机构资质认定管理办法》。新《办法》规定,为司法机关作出的裁决、行政机关作出的行政决定、仲裁机构作出的仲裁决定和社会经济、公益活动出具具有证明作用的数据、结果的检验检测机构,应当取得资质认定。新《办法》中明确的资质认定包括检验检测机构计量认证,与旧《办法》中明确的资质认定分计量认证和审查认可两种形式有了较大区别。但要了解资质认定的起源与发展,就需要了解计量认证和审查认可的起源与发展。

一、计量认证与审查认可的起源

1. 计量认证的起源

　　20世纪80年代初期，随着我国对外开放和经济体制改革进程的不断加快，政府管理部门对企业产品的计划、生产、分配、销售等环节的垄断管理体制逐步被供需双方的供销合同机制所替代。因此，也就产生了供需双方的验货检验需求，同时政府管理部门对产品的产、供、销管理职能转为对产品的质量监督管理职能，进而形成政府对检验机构的需求。为规范政府成立的质检机构以及依照法律设立的专业检验机构的工作行为，提高检验工作质量，原国家计量局借鉴国外对检验机构管理的先进经验，在1985年颁布《中华人民共和国计量法》时，规定了对检验机构的考核要求。1987年发布的《计量法实施细则》中将对检验机构的考核称之为计量认证。

　　由于政府机构改革，计量认证工作的主管机关历经原国家计量局、原国家技术监督局计量司、实验室评审办、认证与实验室评审管理司，到现在的中国国家认证认可监督管理委员会实验室与检测监管部。近三十年来，不管管理机关名称怎么变化，有关部门和有关管理人员一直都十分重视这项工作，在各行业主管部门、各地方质量技术监督部门的支持配合下，计量认证从无到有，从少到多，现在已经发展成为我国规范检测市场的一种主要资质认定手段，是一项重要的行政许可行为。

　　2. 审查认可的起源

　　20世纪80年代中期，作为政府产品质量监督管理部门的原国家标准局，为监督产品质量，实施了产品质量抽查制度，1986年依照国务院批准实施的《产品质量监督检验测试中心管理试行办法》，在全国范围内开始设立各类国家产品质量监督检验中心。同时国务院各部门、各省（自治区、直辖市）、各地市（县、区）也相继设立了涉及国民经济各个领域的各类产品质量监督检验机构，对生产和流通领域的产品进行质量监督检验。为了有效地对这些检验机构的工作范围、工作能力、工作质量进行监控和界定，规范检验市场秩序，在办法中提出对检验机构进行审查认可的要求。随后国家技术监督局在1990年发布的《标准化实施条例》中以法规的形式明确了对设立检验机构的规划、审查条款，并将规划、审查工作称之为"审查认可（验收）"，即对技术监督局授权的非技术监督局系统的质检机构的考核（国家质检中心、省级产品质量监督检验站）称为审查认可，对技术监督系统内的质检机构的考核称为验收。

　　为实施对依照《标准化法》设立和授权的产品质量检验机构的审查认可（验收）工作，原国家技术监督局质量监督司于1990年发布了《国家产品质量监督检验中心审查认可细则》《产品质量监督检验所验收细则》《产品质量监督检验站审查认可细则》(三个细则参照采用 ISO/IEC导则25–1982),由此开始了对国家、省、地、县各级产品质量监督检验机构的审查认可(验收)工作。

近30年来,我国计量认证、审查认可工作不断发展和完善,为提高我国产品质量水平、全民质量意识、国家经济建设作出了不可磨灭的贡献。与此同时,计量认证和审查认可这两项技术考核工作也为政府、社会和用户所接受和认可,在产品质量检验和检测等领域已将计量认证列为检验检测市场准入的必要条件。同时,计量认证作为我国政府强制实施的一种资质认定形式,已经被多部法律法规所引用,产生了极其深远的社会影响,为我国检验检测事业发挥了巨大的作用。

二、计量认证与审查认可的改革

计量认证与审查认可在我国开展近30年来,为规范检验机构行为、整顿检验秩序、提高检验工作质量发挥了重要作用。检验机构本身也通过持续的评审考核逐步建立起了一套较为完善的质量保证体系。20世纪80年代中期相继建立的这批检验机构已发展成为我国质量检验体系中的中坚力量。

进入21世纪,特别是为适应目前国内和国际形势发展以及政府职能转变,实行政事和政企分开,建立廉洁高效的政府管理的要求,把属于企业、事业、中介组织的职能完全放给他们,属于政府职能的要严格依法行政。根据市场经济发展的规律,检验机构应属中介组织。由于历史原因,计量认证和审查认可工作分别由计量部门和质量监督部门实施,其考核标准基本类同,致使检验机构长期接受考核条款相近的两种考核,造成了对检验机构的重复评审。当时,我国加入WTO在即,对检验机构的考核标准也需要与国际上对实验室考核的标准趋向一致。原国家质量技术监督局为解决重复考核和与国际接轨问题,同时又兼顾我国法律要求和具体国情,决定制定计量认证、审查认可"二合一"评审准则,替代计量认证考核条款和审查认可条款。该"二合一"评审准则于2000年10月24日发布,于2001年12月1日开始实施。该评审准则的出台,从根本上解决了对法定检验机构的重复评审问题,也是计量认证与审查认可发展的必然结果。这样做,减轻了实验室的负担,促进了实验室评审体系的统一。

2006年2月21日,《实验室和检查机构资质认定管理办法》的出台,明确规定"资质认定的形式包括计量认证和审查认可"。2006年7月27日,国家认监委发布了《实验室资质认定评审准则》,评审准则的发布,促进和保证了实验室的资质认定评审客观公正、科学准确、统一规范,有利于检测资源的共享,避免不必要的重复评审。

近年来，为解决资质认定制度实施存在的问题的需要、检验检测机构行政审批改革的需要，以及国务院检验检测机构整合工作的需要，2015年4月9日，国家质量监督检验检疫总局令第163号发布了《检验检测机构资质认定管理办法》。办法中仅明确规定了"资质认定包括检验检测机构计量认证"，未提及审查认可。本次改革旨在：①将计量认证、资质认定两项许可合并为一项许可，即检验检测机构资质认定；②审查认可改变管理方式，不再作为行政许可事项；③检查机构审查认可，一部分纳入资质认定。为有效实施《检验检测机构资质认定管理办法》相关要求，开展检验检测机构资质认定评审，由国家认证认可监督管理委员会发布了《检验检测机构资质认定评审准则》，并自2015年6月1日起试行，2006年7月27日国家认证认可监督管理委员会发布的《实验室资质认定评审准则》同时废止。经过试行及修订，国家认证认可监督管理委员会于2016年5月正式印发《检验检测机构资质认定评审准则》（国认实〔2016〕33号）的正式版，即所谓的2016版。

三、资质认定的法律沿革

实验室资质认定概念源自2003年颁布的《中华人民共和国认证认可条例》，其中，第十六条规定："向社会出具具有证明作用的数据和结果的检查机构、实验室，应当具备有关法律、行政法规规定的基本条件和能力，并依法经认定后，方可从事相应活动，认定结果由国务院认证认可监督管理部门公布。"但此处是"认定"而非"资质认定"，依法经认定，既包括了《中华人民共和国计量法》及其实施细则规定的，向社会出具公证数据的产品检验机构必须经省级以上计量行政主管部门对其进行计量认证考核合格这样一种资质认定，也包括了《中华人民共和国标准化法》及其实施条例中规定的，对处理产品质量争议要以其检验结果为准的标准化行政主管部门依法设立和依法授权的检验机构进行审查认可这样一种资质认定形式。《中华人民共和国认证认可条例》第十六条的立法本意，还包括除此之外其他有关法律法规规定的对从事特定领域检验工作的实验室需经其他特定政府部门考核认定的其他资质认定形式。

2006年，国家质检总局制定发布《实验室和检查机构资质认定管理办法》（质检总局第86号令），正式提出"资质认定"的表述，明确规定"资质认定的形式包括计量认证和审查认可"。

2009年，制定发布的《食品安全法》第五十七条："食品检验机构按照国家有关认证认可的规定取得资质认定后,方可从事食品检验活动。"首次在法律层级提出"资质认定"的表述。

2010年,国家质检总局制定发布《食品检验机构资质认定管理办法》(质检总局第131号令),设立了食品检验机构资质认定制度。

2014年修订的《医疗器械监督管理条例》第五十七条:"医疗器械检验机构资质认定工作按照国家有关规定实行统一管理。经国务院认证认可监督管理部门会同国务院食品药品监督管理部门认定的检验机构,方可对医疗器械实施检验。"首次在行政法规层级提出"资质认定"的表述。

2015年4月9日,国家质检总局修订发布《检验检测机构资质认定管理办法》(质检总局第163号令),第二条明确了检验检测机构及资质认定的概念:"本办法所称检验检测机构,是指依法成立,依据相关标准或者技术规范,利用仪器设备、环境设施等技术条件和专业技能,对产品或者法律法规规定的特定对象进行检验检测的专业技术组织。本办法所称资质认定,是指省级以上质量技术监督部门依据有关法律法规和标准、技术规范的规定,对检验检测机构的基本条件和技术能力是否符合法定要求实施的评价许可。资质认定包括检验检测机构计量认证。"

《检验检测机构资质认定管理办法》的颁布实施,标志着资质认定制度改革取得了阶段性成果。国家认监委关于实施《检验检测机构资质认定管理办法》的若干意见,对资质认定实施范围、机构主体准入条件、许可权限调整、分级实施、技术评审、证书有效期的衔接、报告或者证书的责任、人员有关要求、标志及专用章的规定、监督管理、分类监督管理及能力验证,都作出了明确规定。办法的出台和实施,重构了检验检测机构资质认定制度体系,释放了一系列改革红利,同时提出了一系列加强事中、事后监管的制度措施,是我国检验检测行业发展中的重要里程碑。但是,我国检验检测市场的发展迅速而多元,新问题新情况层出不穷,改革的需求从未停滞不前,检验检测机构资质管理制度的改革发展还在路上。

第六节　实验室认可与检验检测机构资质认定的关系

检验检测机构资质认定和实验室认可是相辅相成、互为补充、互为支持的两套制度,各有特点和使用范围。

一、实验室认可与资质认定联系

（1）主管部门和制度设计部门相同——国家认监委。

（2）目的相同——都是为了提高实验室的管理水平和技术能力。

（3）评审内容相同——都是对实验室的管理和技术能力的考核。

（4）评审的依据基本相同—— 都是源于国际标准ISO/IEC 17025《检测和校准实验室能力的通用要求》。

（5）评审的程序基本相同。

二、实验室认可与资质认定区别

新版《检验检测机构资质认定管理办法》中明确了："资质认定包括检验检测机构计量认证"，未涉及审查认可内容,此处列举资质认定与实验室认可的区别也不再提及。

检验检测机构资质认定与实验室认可的主要区别

区别	资质认定	实验室认可
法律依据	《计量法》及其实施细则,《认证认可条例》	《认证认可条例》《病源微生物实验室生物安全管理条例》
强制性	强制（市场准入）	自愿（特定情况下,半强制）
管理体制	国家认监委,省级人民政府质量技术监督部门	认监委授权,中国合格评定国家认可中心组织开展,一级实施
对象	向社会出具公正数据的第三方检验检测机构	社会各界第一、二、三方检测/校准实验室
适用范围	中华人民共和国境内通用	包括境内境外,但不能取代资质认定
收费标准	低	较高
相互替代性	国家级资质认定中,"二合一""三合一"评审时,资质认定评审利用实验室认可评审的结果	不利用资质认定评审的结果
评审依据	《检验检测机构资质认定评审准则》（修改采用ISO/IEC 17025: 2005）	《检测和校准实验室能力认可准则》（等同采用ISO/IEC 17025: 2005）
证书效力	对条件、能力、从业资格的评价和承认	对条件、能力的评价和承认
申请人	法人或其他组织、法人授权的机构	法人、法人授权的机构

续表

区别	资质认定	实验室认可
审批流程	行政机关受理—技术评价机构评审—行政机关批准	技术评价机构直接受理、评审并批准
证书数量	一个实验室可能获得多张资质认定证书	一个实验室只能获得一张认可证书
形式	包括检验检测机构计量认证	仅有实验室认可一种形式
种类	针对检测机构（部分检查机构也视作检测机构进行资质认定）	检测、校准、医学实验室等，分别有不同的认可标准
应用说明	除食品、司法鉴定机构有额外要求外，其余类别实验室的评审准则相同	不同领域，有不同的认可评审应用说明
评审员管理	认监委、省级质监部门管理	认可中心管理
监督模式	质检总局、认监委、省级质监部门、县级以上质监部门四级监督	认监委宏观监督、认可中心自行监督
考核结果	发资质认定证书，使用CMA标志	发认可证书，使用CNAS标志

第二章 实验室管理体系

第一节 实验室建立管理体系必要性

质量管理是实验室管理的核心,没有检验检测报告的高质量,就谈不上业务的高水平。在现代生活中,随着社会的发展和人们生活质量的不断提高,大家对产品的性能及质量的期望值也越来越高。一方面需要生产企业不断推出符合社会和人们生活需求的产品,另一方面需要合格的实验室为社会和人们出具准确、可靠、公正、可信的检验检测数据,来满足社会的需求。那么实验室向社会提供的数据和结果,能否得到社会各方面的承认和信任,已成为实验室能否适应市场需要,在竞争激烈的检验检测市场上占有一席之地,进而生存与发展的首要问题。如果一个实验室不重视检验检测工作质量,不能及时发现和纠正检验检测工作的问题,影响到工作质量,就会失去竞争力,就会被市场、社会所抛弃。反之,实验室只有重视检验检测工作的质量,保证出具的检验检测数据准确、可靠、可信,经得起"考验",才会具有竞争力,拥有市场,赢得社会各方面的信赖。

实验室要满足社会对实验数据和结果的质量要求,就必须要引入实验室管理体系的概念。为保证实验室结果的高质量,必须对实验全过程以及影响检验检测数据的诸多因素进行全面控制,建立系统的实验室管理体系,认真分析、研究各项要素的相互联系和相互制约关系,以整体优化的要求处理好各项实验活动包括人、机、料、法、环、测的协调和配合,使可能影响结果的各种因素和环节都处于受控状态。将检验检测工作的全过程及质量形成过程中的各个活动的相互联系和相互关系加以有效的控制,解决管理体系中的问题,探索和掌握实验室管理体系的运作规律,使管理体系不断完善,适应内外环境,持续有效地运行。只有这样,才能保证实验数据和结果的真实可靠、准确、公正。

第二节　质量管理八项原则在实验室管理中的应用

为了成功地领导和运作一个组织,需要采用一种透明和系统的方式进行管理。针对所有相关方的需要,实施并保持持续改进其业绩的管理体系,可使组织获得成功。质量管理是组织各项管理的内容之一。

八项质量管理原则是现代质量管理理论的精华,一个组织的质量管理能否成功的关键,就是看它是否将质量管理的原则、理念、意识和价值观渗透到组织各个层面。最高管理者可运用这些原则,领导组织进行业绩改进。八项质量管理原则在ISO/IEC 17025标准引言中进行了阐述,是该标准的理论依据和指导思想。为此,加深对八项质量管理原则的理解将有利于对ISO/IEC 17025标准内涵领悟。

一、以顾客为关注焦点

一个组织的能否生存和发展决定因素在顾客,顾客是接受产品或服务的组织或个人,若顾客不认可组织提供产品或服务,那该组织就失去继续存在的价值。所以任何一个组织要树立起一个观念:组织的一切都应直接使顾客满意为主要目标。而不以自身利益为主。组织应在理解并满足顾客需求(含潜在需求)基础上去赢得广大顾客的信赖,并从中获得自身发展空间。

因此,关注顾客的需求让顾客满意,得到顾客广泛信赖,是任何组织最起码的要求,也是所有管理原则中最基本的原则。

ISO/IEC 17025条款中对"以顾客为关注焦点"原则体现:

1. 识别并理解顾客的需求和期望

实验室可通过合同评审、走访客户、顾客满意度调查及对顾客投诉处理等活动了解顾客的需求,获取顾客的期望,并用于改进服务。

实验室应不断完善自身检测服务能力,建立严谨有效的质量控制制度为顾客及时提供准确可靠有效的检测结果。这也是顾客对实验室期望的核心所在。

实验室要注重与顾客的沟通合作,尤其对大宗业务的客户要建立保持沟通的渠道。实验室应鼓励员工在技术方面与客户建立良好的沟通关系,并在技术上给予客户指导或建议。

2. 确保实验室质量方针、目标能体现以顾客的需求和期望为核心

在"ISO/IEC 17025"中对方针的内容要求中包含：实验室管理者对良好职业行为和为客户提供检测和校准服务质量承诺，以及实验室服务标准的声明，充分体现了实验室的质量方针应以使顾客满意为主要目标。

此外"ISO/IEC 17025"标准在质量方针相关内容条款中指出：质量方针声明应当简明，可包括始终按照声明的方法和客户的要求来进行检测和/或校准的要求。这就表明实验室资源配置、能力提升等都应该以顾客的需求（包括潜在需求）为取向，而不能以管理者主观意愿所左右。

3. 实验室应尊重、忠诚顾客利益和所有权，及时、准确、全面地满足顾客的要求

"ISO/IEC 17025"条款中多次体现要有政策和程序保护顾客的机密和所有权，实验室管理层应教育员工，顾客提供的相关材料、样品及其检测的数据和结果所有权归属于客户，应得到保护。同时也指明最高管理者应将满足客户要求的重要性在组织内及时传递，如顾客对合同修改、对抽样程序偏离等相关信息要及时准确告知实验室人员。除此以外还要求在整个检测过程中出现影响顾客利益的任何缺陷均要及时告知客户，如在检测过程中延误和偏离、对检测结果可能受到影响时均要通知顾客。

二、领导作用

领导者或最高管理层应找准组织发展的正确方向，并营造一种氛围，带领全体员工为实现组织的远景而不懈努力。在质量管理活动中，领导者应通过质量方针的宣传贯彻活动与全体员工充分沟通，使组织的质量宗旨和追求的目的能在全体员工中达成共识。只有认识上一致，才能导致行动上共同。故领导者能否创造并保持良好的内部环境，是全员参与实现组织目标活动的前提。

要创造和保持使全体员工能够充分和顺畅地发挥作用的内部环境，这种内部环境可能包括：充分考虑员工的需求，给每位员工在其职责范围内充分的授权，建立充分的责任感，为员工的晋升提供机会，为员工参与体系的改进营造气氛。总之，领导者有责任构建一个"平台"，让全体员工通过这一平台在实现组织目的的同时，也能使员工自身的价值得以实现。

"ISO/IEC 17025"条款中也多处体现"领导作用"原则。该标准中要求最高管

理者要确定质量方针, 并为质量方针的实现, 建立、实施和持续改进管理体系。要求在质量方针中应包含为客户提供检测和校准质量的承诺和实验室服务标准的声明, 以及要求通过多种形式传递质量意图, 让全体员工熟悉并执行质量文件等。

标准中明确提出最高管理者应确保在实验室内部建立沟通机制, 并就确保管理体系有效事宜进行沟通。

该标准中还要求最高管理者定期按照组织管理评审, 以确保管理体系维持适用和有效。

三、全员参与

这个原则与上述 "领导作用" 原则是相互关联的, 在质量管理活动中, 不能只靠最高管理者发挥作用, 更需要每个员工参与。全员参与是现代管理的重要特性。实验室检测结果的质量是通过实验室各层人员参与检测过程产生的, 可以说结果质量是否满足客户要求很大程度上取决于各级人员质量意识、能力和主动精神, 故全员参与质量管理是实验保持检测质量的必要条件。为此实验室最高管理者应为全员参与构建一个平台, 营造一种氛围, 让每个员工的才干得以充分发挥。除此之外, 体系改进也需要全员的参与, 员工是体系中各过程的实践者, 所以对体系中各过程改进需求也最有发言权。为此全员参与是质量改进的必要条件。

在 "ISO/IEC 17025" 中明确提出: "确保实验室人员理解他们活动的相互关系和重要性, 以及如何为管理体系质量目标的实现作出贡献。"

四、过程方法

一个组织通过系统地识别和管理组织所应用过程, 特别是过程间相互作用的方法以得到期望的结果, 称为过程方法。

应该将过程方法视为提高组织在实现既定目标方面有效性和效率的一种重要的管理方法。实验室可采用过程方法来建立和实施管理体系, 使其检测服务质量满足顾客的需要。为此实验室要在确定方针目标的基础上, 应用过程方法去识别系统内所涉及的各个过程, 确定每个过程中影响输出的因素和控制方法, 明确过程之间的相互作用, 以及对这些过程进行管理。

1. 应用过程方法通常包括过程确定和过程管理两个方面

（1）过程确定

实验室首先要结合管理宗旨和顾客要求及法律法规要求确定方针目标,随后确定实现方针目标所需的过程,每个过程所含若干小过程(阶段)的顺序及相互关系(通常上个过程的输出直接形成下一个或几个过程的输入),以及管理体系所需(涉及)过程间的相互关联性及相互作用。确定负责过程的部门或岗位以及所需的文件。

(2)过程管理

实验应对所确定的各个过程实施管理。首先应对输出结果造成影响因素(如过程中活动、所涉及资源)进行确认,随后对过程中影响输出结果的活动确定控制方法,加以管理,以获得期望的输出。除此以外,尚应对输出结果规定监控和检查方法(要求),并按规定方法对过程及结果实时监控和检查。(任何一个过程由输入转为输出均会产生增值或变异,即输入和输出在实质上有差异,正是这个差异使输出结果具有可检查性和测量性)对检查结果是否达到原先设定的期望值,要对检查结果进行分析,并由中识别改进过程的机会。

"过程方法"是一项管理原则,实验室在应用过程方法建立质量管理体系时,应与自身的实际相结合,才会见成效。

2.应用过程方法建立质量管理体系的关注事项

(1)要对各个过程的输出期望做出明确的要求。

(2)所确定的各个过程的增值都应是总目标实现的一个部分。

(3)过程的输出与期望值相符,体系运行结果才能达到期望的程度。

(4)通过对过程的监控和检查不断改进过程。

3.PDCA方法是确定、实施、监控和测量、分析和改进过程的一种有效工具,包括

(1)策划(P):做什么,怎么做。

(2)实施(D):按计划做好各项工作。

(3)检查(C):检查是否按计划进行。

(4)处置(A):根据检查结果进行分析,采取措施,改进过程。

PDCA是一项按顺序循环的动态方法,每通过一个循环对过程的绩效推进一步,以螺旋式递进方式不断改进过程的绩效。实验室各部门在按总目标确定部门目标的前提下,均可使用PDCA方法来实现自身的工作目标及提升部门工作业绩。

五、管理的系统方法

实验室要获得所需检测、校准结果,均要经过复杂相互关联的过程才能实现,因此这些过程运行状况将直接或间接影响到结果能否达到预期的结果,故需要对影响结果的所有过程进行有效控制,而工作过程又往往涉及若干部门、许多岗位、各类资源和相关制度等。所以要对相互关联的过程进行有效控制,就必须对这些过程所涉及的方方面面提出系统的要求。"系统"就是指将实验室中为实现目标所涉及的相互关联的过程进行整合,使之成为相互协调的有机整体。

构成实验室管理体系的要素过程,要对实验室管理体系相互关联的过程予以识别、理解和管理,这样有利于实验室目标的实现。

过程方法和系统方法是十分"亲密"的两个原则。过程方法管理是以获得过程输出期望值为目的,将过程中涉及的各项活动作为控制的对象;而管理系统方法是以总体结果达到所需的程度为目的,对系统内涉及的过程进行整合、协调,实现总体优化。可以说过程方法是管理系统方法的基础,而且二者研究对象都涉及过程,故都可以采用PDCA循环方法不断推进绩效的提升。

六、持续改进

持续改进原则中主要的概念是"持续",实验室是处在不断变化、充满活力的环境中,因此对结束的期望值也必然不断提升,这就意味着实验室为达到期望值,一切改进活动就无法休止,永远没有终点。所以实验室必须建立一种持续改进机制,不断提升自身的适应力和竞争力,以适应环境变化的要求,改进实验室整体业绩,让所有相关方都满意。

"ISO/IEC 17025"中要求"实验室应通过实施质量方针和质量目标,应用审核结果、数据分析、纠正措施和预防措施,以及管理评审来持续改进管理体系的有效性"。为此实验室最高管理者应营造一种氛围,促进每位员工在本职岗位上去主动识别对检测过程及管理体系运行中需要改进的需求,并对其采取改进的措施,使实验室管理体系能够在各个层面积极地适应环境的变化,实现更高更好的绩效。

七、基于事实的决策方法

决策过程的输入是信息和数据,足够的信息和可靠的数据是正确决策的基础。

对决策过程不同方案的选择，又是考虑多因素后权衡、比较的结果。质量管理体系中采取的监视和测量活动就是为获取数据和信息，而后对采集到的数据和信息进行汇总分析作为决策的依据。只有这样才能对各项质量管理活动作出实事求是的决策。

在"ISO/IEC 17025"中，要求实验室对所得到检测数据应以便于发现趋势的方式记录，如可行，应采用统计技术对结果进行审查。并希望采用能力验证、实验空间对比，利用不同和相同方式进行重复检测，留样再检测，对样品不同特性的相关性评价等质控方式，获得改进监测的相关信息和数据，并用其不断提升检测结果质量的可靠性。

八、与供方互利关系

供需双方关系不应该是简单的供—需关系，而是合作伙伴，利益的共同体，要通过合作获得双赢。

任何实验室都有其设备、试剂供应商，校准服务机构、分包实验室、教育培训机构等合作机构。这些合作方产品和服务将为实验室结果质量提供支持或保障，同时随着实验室服务面的扩大，也增加了供应商和合作方为实验室提供服务机会，故建立互信互利的关系，双方均可获益。

实验室应用"互利的供方关系"原则对供应商、分包方、服务机构等进行评价选择，权衡短期利益和长期利益，确定与供方或合作方合作互利关系，与其共享专门技术和资源，营造清晰和开放的沟通渠道，为双方提升创造价值的能力。

第三节　实验室管理体系的建立与实施

按照ISO/IEC 17025：2005《检测和校准实验室能力通用要求》建立实验室管理体系，是国际标准化组织在传统管理经验的基础上，提炼出的一种带有普遍意义的管理模式，是一种科学化、规范化、标准化、国际化的管理方法。管理体系的建立和实施通常分四个阶段：前期准备阶段、管理体系策划阶段、管理体系建立阶段以及管理体系试运行阶段。

一、前期准备阶段

1. 思想准备

实验室的各级领导在贯彻ISO/IEC 17025标准（简称贯标）上务必统一思想认识，贯标是实行科学管理、完善管理结构、提高管理能力的需要，只有充分、统一认识，做好思想准备，才能自觉而积极地以推动贯标工作，严格依据《检测和校准实验室能力通用要求》逐步建立和强化质量管理的监督制约机制、自我完善机制，完善和规范本组织管理制度，保证组织活动或过程科学、规范地运作，从而提高检测及服务质量，更好地满足顾客需求。

2. 组织培训

（1）选择培训对象

组织活动（过程）中全部有关部门的负责人，他们是贯标的骨干力量，贯标达到什么样的效果，取决于最高管理者和各部门负责人对《检测和校准实验室能力通用要求》的理解。

（2）确定培训内容

1）ISO 17025 标准基础知识。

2）对ISO 17025 标准的理解和实施。

3）建立质量管理体系的方法和步骤。

3. 建立贯标运行机构

（1）建立贯标工作机构

一般由实验室最高管理者担任贯标工作机构负责人，贯标工作涉及的职能部门负责人担任机构成员。

贯标工作机构的任务是策划和领导贯标工作，包括制定质量方针和质量目标，依据《检测和校准实验室能力通用要求》所涉及要素分配部门的职责，审核体系文件，协调处理体系运行中的问题。

（2）任命质量负责人和技术负责人

由实验室最高管理者以正式文件任命并明确实验室质量负责人和技术负责人的职责权限，以及各自代表最高管理者承担质量管理及技术运作方面的职责和权利。

（3）成立管理体系文件编写小组

选择经过文件编写培训、有一定管理经验和较好的文字能力的,来自管理体系责任部门的代表组成管理体系文件编写小组。

4.分析评价现有管理体系

贯标的目的是改造、整合、完善现有的体系,使之更加规范和符合《检测和校准实验室能力通用要求》。这要求贯标者依据《检测和校准实验室能力通用要求》对现有的管理体系进行分析评价以便决定取舍。

二、管理体系策划阶段

1.质量方针

质量方针是实验室的质量宗旨和质量方向,是管理体系的纲领,它要体现出本组织的目标及顾客的期望和需要。制定和实施质量方针是质量管理的主要职能,在制定质量方针时要满足以下要求:

(1)质量方针要与其管理体系相匹配,即要与本组织的质量水平、管理能力、服务和管理水平一致。方针内容要与本组织所提供的服务的职能类型和特点相关。

(2)质量方针要对质量作出承诺,不能提些空洞的口号,要反映出顾客的期望。

(3)质量方针可以集思广益,经过反复讨论修改,然后以文件的形式由最高管理者批准、发布,并注明发布日期。

(4)质量方针遣词造句应慎重,要言简意明,先进可行,既不冗长又不落俗套。

(5)质量方针要易懂、易记、便于宣传,要使全体员工都知道、理解并遵照执行。

2.质量目标

质量目标是质量方针的具体化,是"在质量方面所追求的目的"。质量目标应符合以下要求:

(1)需要量化,是可测量评价和可达到的指标。

(2)要先进合理,起到质量管理水平的定位作用。

(3)可定期评价、调整,以适应内外部环境的变化。

(4)为保证目标的实现,质量目标要层层分解,落实到每一个部门及员工。

3.组织机构及职责设计

管理体系是依托组织机构来协调和运行的。管理体系的运行涉及内部管理体系所覆盖的所有部门的各项活动,这些活动的分工、顺序、途径和接口都是通过本组织机构和职责分工来实现的,所以,必须建立一个与管理体系相适应的组织结构。为此,需要完成以下工作:

(1)分析现有组织结构,绘制本组织"行政组织机构图"。

(2)分析组织的质量管理层次、职责及相互关系,绘制"管理体系组织机构图",说明本组织的质量管理系统。

(3)将管理体系的各要素分别分配给相关职能部门,编制"质量职责分配表"。

(4)规定部门质量职责,管理、执行、验证人员质量职责。

(5)明确对管理体系和过程的全部要素负有决策权的责任人员的职责和权限。

4.资源配置

资源是管理体系有效实施的保证,包括依据《检测和校准实验室能力通用要求》配置各类资源,在对所有质量活动策划的基础上规定其程序和方法,以及规定工作信息获得、传递和管理的程序和方法等。

三、管理体系建立阶段

1.编制管理体系文件

管理体系的实施和运行是通过建立贯彻管理体系的文件来实现的。通过管理体系文件贯彻质量方针;当情况改变时,保持管理体系及其要求的一致性和连续性;作为组织开展质量活动的依据,管理体系文件为内部审核和外部审核提供证据;管理体系文件可用以展示管理体系,证明其与顾客及第三方要求相符合。

管理体系文件一般由四个部分组成:质量手册、程序文件、作业指导书、质量记录表格等。

管理体系文件由专门编写小组编写,编写顺序可以:

(1)自上而下进行,即按质量手册—程序文件—支持性文件及记录表格的顺序编写。

(2)自下而上地进行。

(3)采取中间突破的方法,即先编写程序文件。

首先应对文件编写组成员进行培训,接着制定编写计划,收集有关资料,编写组讨论文件间的接口,然后将文件初稿交咨询专家审核;咨询专家向编写组反馈,并共同讨论修改意见之后,由编写组修改文件直至文件符合要求。

2. 管理体系文件的审核、批准、发布

管理体系文件应分级审批。质量手册应由最高管理者审批;程序文件应由质量负责人或技术负责人批准,作业指导书一般由技术负责人或该文件业务主管部门负责人审批。文件审批后,需正式发布,并规定实施日期。以宣传和培训的形式,使组织中所有人员理解质量方针和管理体系文件中规定的有关内容,在管理体系运行前,可以通过考试检查员工对有关内容的了解和理解情况。

四、管理体系试运行阶段

1. 管理体系试运行

完成管理体系文件后,要经过一段时间试运行,检验这些管理体系文件的适用性和有效性。组织通过不断协调、质量监控、信息管理、管理体系审核和管理评审,实现管理体系的有效运行。

2. 内部质量审核和管理评审

实验室内部质量审核能动态显示质量体系的运行状况,是实验室自我审核、自我约束、自我完善的一种系统性的活动,是保证质量体系更加有效运作的重要手段,同时也是实验室通向管理评审和现场评审的重要环节。

管理评审是最高管理者适时地评价组织管理体系的持续性、有效性、适宜性和充分性的重要手段。通过定期开展管理评审,确保质量体系的适宜性、充分性、有效性和效率,以达到规定的质量目标所进行的活动。

3. 管理体系的调整和完善

内审和管理评审可以帮助发现管理体系策划中不符合《检测和校准实验室能力通用要求》或操作性不强之处。必要时可以增加内部质量审核的次数,通过内部质量审核和管理评审这一自我改进机制可以持续改进管理体系。一方面应纠正体系中的不合格项,另一方面要修改文件。

4. 管理体系有效运行的体现

(1)所有的过程及这些过程的相互作用已被确定。

(2)这些过程均按已确定程序和方法运行,并处于受控状态。

(3) 管理体系通过组织协调、质量监控、体系审核和管理评审以及验证等方式进行自我完善和自我发展, 具备预防和纠正质量缺陷的能力, 使管理体系处于持续改进不断完善的良好状态。

第四节　实验室内部审核

一、内部审核的目的

(1) 实验室应当对其活动进行内部审核, 以验证其运行持续符合管理体系的要求。

(2) 审核应当检查管理体系是否满足 ISO/IEC 17025或其他相关准则文件的要求, 即符合性检查。

(3) 审核也应当检查组织的质量手册及相关文件中的各项要求是否在工作中得到全面的贯彻。

(4) 内部审核中发现的不符合项可以为组织管理体系的改进提供有价值的信息, 因此应当将这些不符合项作为管理评审的输入。

二、内部审核的组织

(1) 内部审核应当依据文件化的程序每年至少实施一次。

(2) 内部审核应当制订方案, 以确保质量管理体系的每一个要素至少每 12 个月被检查一次。对于规模较大的实验室或检验机构, 比较有利的方式是建立滚动式审核计划, 以确保管理体系的不同要素或组织的不同部门在12个月内都能被审核。

(3) 质量负责人通常作为审核方案的管理者, 并可能担任审核组长。

(4) 质量负责人应当负责确保审核依照预定的计划实施。

(5) 审核应当由具备资格的人员来执行, 审核员应具备其所审核的活动所要求的技术知识, 并专门接受过审核技巧和审核过程方面的培训。

(6) 质量负责人可以将审核工作委派给其他人员, 但需确保所委派的人员熟悉组织的质量管理体系和认可要求,并满足上款的要求。

(7)对于在广泛的技术领域从事检测/校准/检验工作的规模较大的组织,审核可能需由质量负责人领导下的一组人员来实施。

(8)在规模较小的组织,审核可以由质量负责人自己来实施。不过,管理者应当指定另外的人员审核质量负责人的工作,以确保其质量职责如期履行。

(9)只要资源允许,审核员应当独立于被审核的活动。审核员不应当审核自己所从事的活动或自己直接负责的工作,除非别无选择,并且能证明所实施的审核是有效的。当审核员不能独立于被审核的活动时,实验室和检验机构应当注重检查内部审核的有效性。

(10)当一个组织在客户的场所进行的校准/检测/检验活动或现场抽样获得了认可时,这些活动也应包含在审核方案中。

(11)其他方,如客户或认可机构,进行的审核不应当替代内部审核。

三、内部审核的策划

(1)质量负责人应当制订审核计划。审核计划包括:审核范围、审核准则、审核日程安排、参考文件(如组织的质量手册和审核程序)和审核组成员的名单。

(2)应当向每一位审核员明确分配所审核的管理体系要素或职能部门,具体的分工安排应当由审核组长与相关审核员协商确定。委派的审核员应当具备与被审核部门相关的技术知识。

(3)为方便审核员调查、记录和报告结果所需使用的工作文件可能包括:

1)准则文件,如 ISO/IEC 17025及其补充文件。

2)实验室的管理手册和程序文件。

3)用于评价质量管理体系要素的检查表(通常审核员根据自己负责的要素编制检表)。

4)报告审核观察的表格,如"不符合项记录表"、"纠正措施记录表"。这些表格中应记录不符合的性质、约定的纠正措施,以及纠正措施有效实施的最终确认信息。

(4)为保证审核的顺利和系统地进行,审核的时间安排应当由每一位审核员与受审核方一起协商确定。

(5)审核开始前,审核员应当评审文件、手册及前次审核的报告和记录,以检查与管理体系要求的符合性,并根据需审核的关键问题制定检查表。

四、内部审核的实施

(1)审核的关键步骤包括：策划、调查、分析、报告、后续的纠正措施及关闭。

(2)首次会议应当介绍审核组成员，确认审核准则，明确审核范围，说明审核程序，解释相关细节，确定时间安排，包括具体时间或日期，以及明确末次会议参会人员。

(3)收集客观证据的调查过程涉及提问、观察活动、检查设施和记录。审核员检查实际的活动与管理体系的符合性。

(4)审核员将质量管理体系文件（包括质量手册、体系程序、测试方法、工作指导书等）作为参考，将实际的活动与这些质量管理体系文件的规定进行比较。

(5)整个审核过程中，审核员始终要搜集是否满足管理体系要求的客观证据。收集的证据应当尽可能高效率并且客观有效，不存在偏见，不困扰受审核方。

(6)审核员应当注明不符合项，并对其进行深入的调查以发现潜在的问题。

(7)所有审核发现都应当予以记录。

(8)审核完所有的活动后，审核组应当认真评价和分析所有审核发现，确定哪些应报告为不符合项，哪些只作为改进建议。

(9)审核组应当依据客观的审核证据编写清晰简明的不符合项和改进建议的报告。

(10)应当以审核所依据的组织质量手册和相关文件的特定要求来确定不符合项。

(11)审核组应当与组织的高层管理者和被审核的职能部门的负责人召开末次会议。会议的主要目的是报告审核发现，报告方式需确保最高管理者清楚地了解审核结果。

(12)审核组长应当报告观察记录，并考虑其重要性，机构运作中好坏两方面的内容均应报告。

(13)审核组长应当就质量管理体系与审核准则的符合性，以及实际运作与管理体系的符合性报告审核组的结论。

(14)应当记录审核中确定的不符合项、适宜的纠正措施，以及与受审核方商定的纠正措施完成时间。

(15)应当保存末次会议的记录。

五、后续纠正措施及关闭

（1）受审核方负责完成商定的纠正措施。

（2）当不符合项可能危及校准、检测或检验结果时，应当停止相关的活动，直至采取适当的纠正措施，并能证实所采取的纠正措施取得了满意的结果。另外，对不符合项可能已经影响到的结果，应进行调查。如果对相应的校准、检测或检验的证书/报告的有效性产生怀疑时，应当通知客户。

（3）制定正式的纠正措施程序，以便发掘问题产生的根本原因，并实施有效纠正措施和预防措施。

（4）商定的纠正措施期限到期后，审核员应当尽早检查纠正措施的有效性。质量负责人应当最终负责确保受审核方消除不符合项及给予关闭。

六、内部审核记录和报告

（1）即使没有发现不符合项，也应当保留完整的审核记录。

（2）应当记录已确定的每一个不符合项，详细记录其性质、可能产生的原因、需采取的纠正措施和适当的不符合项关闭时间。

（3）审核结束后，应当编制最终报告。报告应当总结审核结果，并包括以下信息：①审核组成员的名单；②审核日期；③审核区域；④被检查的所有区域的详细情况；⑤机构运作中值得肯定的或好的方面；⑥确定的不符合项及其对应的相关文件条款；⑦改进建议；⑧商定的纠正措施及其完成时间，以及负责实施纠正措施的人员；⑨采取的纠正措施；⑩确认完成纠正措施的日期；⑪质量负责人确认完成纠正措施的签名。

（4）所有审核记录应按规定的时间保存。

（5）质量负责人应当确保将审核报告，适当时包括不符合项，提交组织的最高管理者。

（6）质量负责人应当对内部审核的结果和采取的纠正措施的趋势进行分析，并形成报告，在下次管理评审会议时提交最高管理层。

（7）报告提交管理评审的目的是确保审核和纠正措施能在总体上有助于质量管理体系运行的持续有效性。

第五节　实验室管理评审

一、管理评审的目的

（1）实验室的最高管理者应当对组织的质量管理体系和检测/校准/检验活动定期进行评审，以确保其持续适宜性和有效性，并进行必要的变更或改进。

（2）管理评审应当进行策划，以进行必要的改进，确保组织的质量安排持续满足组织的需要。评审还应当确保组织的质量管理体系持续符合 ISO/IEC 17025的要求。

（3）管理评审应当注意到实验室或检验机构的组织、设施、设备、程序和活动中已经发生的变化和需求发生的变化。

（4）内部或外部的质量审核结果、实验室间比对或能力验证的结果、认可机构的监督访问或评审结果、或客户的投诉都可能对体系提出改进的需求。

（5）质量方针和质量目标应当进行评审，必要时进行修订。应当建立下一年度的质量目标和措施计划。

二、管理评审的组织

（1）组织的最高管理者应当负责实施质量管理体系的评审。

（2）最高管理者中负责设计和实施组织的质量管理体系，负责组织的技术运作，负责根据内部审核和外部评审的结果作出决定的管理者应参与管理评审。

（3）质量负责人应当负责确保所有评审工作依据规定的程序系统地实施，并记录管理评审的结果。

（4）质量负责人和执行经理应当负责确保管理评审所确定的措施在规定的时间内完成。

三、管理评审的策划

（1）管理评审应当至少每 12 个月开展一次，每一次评审应当制订方案，高级运作管理者、最高管理者、质量负责人以及负责质量手册发布的人员应当参加会议。组织的领导、技术管理者、质量负责人和各部门的负责人也须到会。

（2）通常在规模较小的组织中，一个人可能承担多个职能。即使在只有一个人的组织中，也可以实施完善的管理评审。

四、管理评审的实施

1. 管理评审应当依据正式的日程安排系统地实施

2. 评审至少应当包括以下内容

（1）前次管理评审中发现的问题。

（2）质量方针，中期和长期目标。

（3）质量和运作程序的适宜性，包括对体系（包括质量手册）修订的需求。

（4）管理和监督人员的报告。

（5）前次管理评审后所实施的内部审核的结果及其后续措施。

（6）纠正措施和预防措施的分析。

（7）认可机构监督访问和评审的报告，以及组织所采取的后续措施。

（8）来自客户或其他审批机构的审核报告及其后续措施。

（9）组织参加能力验证或实验室间比对的结果的趋势分析，以及在其他检测/校准领域参加此类活动的需求。

（10）内部质量控制检查的结果的趋势分析。

（11）当前人力和设备资源的充分性。

（12）对新工作、新员工、新设备、新方法将来的计划和评估。

（13）对新员工的培训要求和对现有员工的知识更新要求。

（14）对来自客户的投诉以及其他反馈的趋势分析。

（15）改进和建议。

3. 管理评审的结果应当输入组织的策划系统，并应当包括

（1）质量方针，中期和长期目标的修订。

（2）预防措施计划，包括制定下一年度的目标。

（3）正式的措施计划，包括完成拟定的对管理体系和/或组织目标运作的改进时间安排。

4. 管理者应当负责确保评审所产生的措施按照要求在适当和约定的日程内得

以实施。在定期的管理会议中应当监控这些措施及其有效性

五、管理评审的记录

(1)应当保存所有管理评审的记录。记录可以是评审会议的会议纪要,并应明确指出所需采取的措施,以及负责人和完成期限。

(2)质量负责人应当负责确保评审产生的措施予以记录。

(3)记录应当易于获得并按规定的时间保存。

第六节　实验室管理体系持续改进

一、持续改进的过程

持续改进是包括计划(plan)、实施(do)、检查(check)和改进(action)四个步骤的一个过程,而且是一个循环过程。通过这四个步骤(PDCA)不停地重复循环而使质量管理体系不断完善、管理水平不断提高,因此循环是质量管理体系持续改进的基本特点。

(1)计划阶段(P阶段):为适应客户要求,以社会经济效益为目标,制定质量目标,确定达到这些目标的具体措施和方法。

(2)实施阶段(D阶段):按照已制订的计划和设计的内容,认真实施,以实现质量目标。

(3)检查阶段(C阶段):对照计划和内容,检查实施情况和效果,及时发现实施过程中的问题及总结经验。

(4)改进阶段(A阶段):把成功经验或发现的问题进行总结分析,发扬成绩,改进问题,使质量管理体系持续有效运行。通过以上过程的不断循环,达到不断的提高。

二、持续改进的方式

质量管理体系的持续改进有集中式和渐进式两种做法。集中式就是明确规定

在某个阶段要进行某个活动,通过这个集中力量的检查、总结活动来发现问题、解决问题;渐进式就是日常工作中持续不断地发现问题、解决问题。集中式是实验室质量管理体系自我评价、自我完善的基础,渐进式是质量管理体系在稳定状态下提高水平的关键。

实验室无论采用哪种方式开展质量管理体系的持续改进,都需按相关程序和制度进行,并将2种方式紧密结合使用,才能保证持续改进工作富有成效地进行。

1. 集中式改进

(1)通过开展内部审核进行持续改进

通过开展质量体系内部审核,检查体系运行是否符合质量文件和相关标准的要求,对发现的不符合地方实施纠正,进一步提高质量体系的符合性和有效性。

(2)通过开展管理评审进行持续改进

实验室最高管理层对质量方针、质量目标和管理体系是否适用和持续有效进行检查和评估,以保证质量管理体系的适宜性和持续有效。根据评审结果调整方针政策和目标,解决存在问题,修订质量管理体系文件,使管理体系得到进一步完善,更加适宜和持续有效运行。

(3)外部评审也是持续改进的重要手段

实验室要定期接受外部评审,确认是否按评审准则及质量管理文件要求运行体系。评审组在现场检查过程中,或多或少会发现实验室存在的问题,对这些问题,实验室要进行认真的分析,对评审组提出的不符合工作要举一反三、以点带面进行自查,看看是否还存在类似的问题。针对这些问题,制定可行的纠正措施,实施有效的整改,必要时制定预防措施,这也是质量管理体系持续改进的有效方法之一。

2. 渐进式改进

(1)宣传贯彻质量方针、目标

大力度、全方位、多形式进行全员宣传贯彻,让全体员工知晓本单位的质量方针、目标,特别要重视质量关键岗位人员和新进人员的宣传贯彻和培训,确保质量管理体系的持续有效运行。这个宣传贯彻培训的方式是渐进式的,是根据需要开展的,并需进行效果评估总结,不断调整培训内容及方式。

(2)日常不符合工作的控制

1) 日常质量监督。质量管理体系在运行过程中，某些活动及其结果不可避免地会发生一些偏离规定的现象，因此构建质量监督网，实现持续有效的质量监督是体系运行必需的内容。质量监督点的设置、质量监督关注点的确立以及监督力度都是影响质量监督成效的重要因素。因此首先要分析检测结果正确性和可靠性的影响因素。影响检测结果的因素通常包括人员、仪器、消耗材料、检验方法、环境条件、管理制度等，针对这些工作环节设置质量监督员，明确监督员的工作方法，对这些因素进行持续不断的监督，或者开展不定期的专项监督和重点监督，对于发现的问题提出可行的纠正措施，并对整改情况实施跟踪验证。通过这样持续不断地发现问题、改进问题，质量管理体系就得到了不断改进。

2) 检验报告的核查。检验报告是整个检验工作的最终结果或结论，既是检验工作质量和水平的体现，也是客户委托并履行了职责后获得的回报。核查检验报告时除了检查是否按质量文件出具报告，还要进行检测结果关联性分析，以判断检测工作是否存在问题，通过查找问题、关闭问题、确保体系的持续有效运行。

3) 仪器的校准、核查。对仪器进行校准、核查，是查明和确认仪器的性能，确保检测结果准确的重要保证。要定期对仪器进行检查，确保仪器的正常运行，是开展检测工作的前提。

4) 消耗材料的验收核查工作。实验消耗材料是影响检测结果准确性的重要因素，实验室除了要做好消耗材料投入使用前的验收验证工作外，还要不断收集实验技术人员的反馈意见和定期对消耗材料进行核查，以确保消耗材料符合检验要求。

（3）参加能力验证、实验室间比对

参加能力验证、实验室间比对活动，可识别实验室存在的问题。按照有关要求，在能力验证活动中出现不满意结果（离群）的实验室，须依照能力验证活动的要求进行整改。实验室通过寻找和分析出现离群的原因，开展有效的整改，关闭存在问题，促使质量体系得到持续改进。

（4）投诉处理

顾客投诉既可能是对当前服务的不满，也可能是潜在的需求所致。实验室应积极主动地和顾客进行沟通，识别、理解和确定顾客的需求，了解顾客不断变化的要求和期望，找出改进之处，从而促进实验室质量管理体系的不断完善。客户的声音是实验室质量管理体系持续改进的重要推动力。

第七节　加强质量管理确保管理体系有效运行

实验室的质量管理是实验室建设的重要内容。检测质量安全关乎实验室的生命，因此需要有一个专业的、规范的质量管理体系来对日常工作过程进行有效的监督和控制，以确保检验报告的准确性、及时性和权威性。实验室质量管理体系的运行本质上就是执行质量管理体系文件、贯彻质量方针、实现质量目标、保持质量管理体系持续有效和不断完善的过程。这个过程要从人、机、料、法、环五个要素进行统筹考虑，综合控制，以加强质量管理，确保管理体系有效运行。

一、人员要素

要真实地做到质量管理体系的良性运作，单靠一个人或几个人是无法办到的，只有充分发挥每个成员在管理体系中的作用，使每个成员始终有参与管理体系运作的积极性和能力，才能真正地贯彻质量方针，实现质量目标。实验室工作是一种多功能的综合性工作，实验室人员作为承担工作和完成科研任务的主体无疑是首要因素。实验室检测工作、管理工作、科研工作三项基本任务的服务性、技术性和专业性都很强，这就要求实验人员的素质、人员配备和使用要科学合理。现代化的实验室，一靠科学管理，二靠提高实验室人员的文化和业务素质。管理只是一种制度、手段和方法，而实验室人员文化和业务素质的高低则是做好实验室工作的关键因素，没有一支业务素质较高的队伍，再先进的管理模式和先进的仪器设备也无法发挥作用，管理也无从谈起。因此，实验室需要具有综合科研能力的高级技术人员，具有丰富的管理及实际工作经验的实验室管理人员，具有较强操作能力且工作态度认真的一般技术人员，各司其职，又注重各个层次的人员密切配合，保证从实验设计到实施各项工作都能有条不紊地进行。

二、仪器设备要素

仪器设备是开展实验室检测的技术工具和手段，也是实验室检测水平和能力的重要体现。因此，实验室仪器设备管理重要性不容忽视，实验室必须建立"一机一档"，也即每台仪器都有自己的一套技术档案，具体包括：购置申请及调试、验收记录，使用说明书，技术参数，检定校准记录，维修记录，使用记录，维护记录，期间核查记录等详细技术信息，既确保了实验室仪器设备能够得到有效控制，也保证了检测结果可追溯，也就是检测、检定和校准可以链式溯源。

三、标准物质、试剂及易耗品要素

供应商的合格评定是采购标准物质及试剂的第一步，但仅有合格的供应商还远远不够，我们在收到标准物质及试剂后还需要对其进行必要的符合性验收与技术性验收，不但要查看外观、生产日期、标准物质证书等相关信息，还要由具体使用部门进行使用前的技术参数确认。同时，我们还必须严格按照说明书保存标准物质及试剂，并且在使用时做好开瓶记录，新旧标准溶液期间核查记录等相关记录，只有这样才能保证各类检测结果可信度与客观性。

四、环境要素

检测实验室环境建设在国家实验室认证认可中占有重要地位，同时，也是保证实验室检测工作顺利完成的必要条件。实验室环境要素主要包括：功能区域布局、实验环境建设、安全环境建设以及环保设施建设四个方面。一个实验室功能区域包括非实验室区和实验室区域两个部分，非实验区域和实验室区域应该分隔，与实验无关的设施应该搬离实验区域。同时，对于一些转角、死角、壁柜、桌椅以及实验室的用水设施、安全设施、供气设施、排风系统的设计可以引入现代装饰理念；实验环境建设主要是指可能影响检测结果的实验室环境以及保证仪器设备正常有效运行的外部环境，包括照明、温湿度、空气洁净度等；安全环境建设主要针对实验室作为一个具有潜在安全风险的特殊场所，应采取适宜的安全防护措施，实验室应有防护人身和实验室安全及人员健康的安全防护设施和文件化的程序。在日常工作中一定要贯彻"安全第一，预防为主"思想；环保设施建设主要解决由于实验室检测的需要，不可避免地会产生有毒、有害物质的问题，实验室应有妥善处理有害废气物的设施和制度，确保其排放符合环保的要求。

五、检测方法要素

实验室应使用适合的方法和程序进行检测，以满足客户需求。在引入检测之前,实验室必须证实能够正确运用这些方法。一套全面的标准方法验证程序以及非标准方法确认程序可以有效保证检测结果的准确、可靠,其验证或确认内容主要包括:测试方法的偏离,方法的回收率,方法的精密度及正确度,方法的检出限及定量限,方法的特异性及交互灵敏度,方法的耐用性与稳健性,以及方法的不确定度评定等方面内容。

加强实验室质量管理和管理创新,是实验室的一项长期的、细致入微的工作,实验室只有通过对人、机、料、法、环五个要素方面的持续改进,才能保证检验检测数据的公正、准确和及时,才能确保质量管理体系有效运行。

第三章 范围、规范性引用文件、术语和定义

第一节 范 围

【标准条款】

1 范围

1.1 本准则规定了实验室进行检测和/或校准的能力(包括抽样能力)的通用要求。这些检测和校准包括应用标准方法、非标准方法和实验室制定的方法进行的检测和校准。

1.2 本准则适用于所有从事检测和/或校准的组织,包括诸如第一方、第二方和第三方实验室,以及将检测和/或校准作为检查和产品认证工作一部分的实验室。

本准则适用于所有实验室,不论其人员数量的多少或检测和/或校准活动范围的大小。当实验室不从事本准则所包括的一种或多种活动,例如抽样和新方法的设计(制定)时,可不采用本准则中相关条款的要求。

1.3 本准则中的注是对正文的说明、举例和指导。它们既不包含要求,也不构成本准则的主体部分。

1.4 本准则是CNAS对检测和校准实验室能力进行认可的依据,也可为实验室建立质量、行政和技术运作的管理体系,以及为实验室的客户、法定管理机构对实验室的能力进行确认或承认提供指南。本准则并不意图用作实验室认证的基础。

注1:术语"管理体系"在本准则中是指控制实验室运作的质量、行政和技术体系。

注2:管理体系的认证有时也称为注册。

1.5 本准则不包含实验室运作中应符合的法规和安全要求。

1.6 如果检测和校准实验室遵守本准则的要求,其针对检测和校准所运作的质量管理体系也就满足了ISO 9001的原则。附录提供了ISO/IEC 17025:2005和ISO 9001标准的对照。本准则包含了ISO 9001中未包含的技术能力要求。

注1:为确保这些要求应用的一致性,或许有必要对本准则的某些要求进行说明或解释。

注2:如果实验室希望其部分或全部检测和校准活动获得认可,应当选择一个依据ISO/IEC 17011运作的认可机构。

【理解与实施】

1.《准则》的适用范围

（1）《准则》适用范围是很广泛的，从其应用范围领域分，可适用于下列实验室建立管理体系

①实验室类型：检测/校准实验室；②实验室服务对象类型：第一方，第二方和第三方实验室。

（2）由于《准则》含有实验室保证其结果准确、可重现、可比的所具备能力的通用要求，因而也适用下列各方作为评价能力的依据和准则

①实验室的客户；②实验室的认可机构；③实验室的法定主管部门。

2.《准则》中"注"的理解

本准则中的"注"是对正文的说明、举例和指导。它们既不包含要求，也不构成本准则的主体部分。认可评审时，不能以此作为不符合项的判定依据。

3.《准则》的用途

《准则》的用途包括三个方面：

①可作为CNAS对检测和校准实验室能力进行认可的依据；②可用于实验室建立、实施、保持和改进管理体系；③为实验室的客户、法定管理机构对实验室的能力进行确认或承认提供指南。

4.《准则》与实验室运作中应符合的法规和安全要求的关系

本准则不包含实验室运作中应符合的法规和安全要求，但遵守国家的法律法规和安全要求是实验室不可推卸的责任和应尽的义务。部分相关的法律法规和安全要求已纳入认可准则在特定领域的应用说明，建议实验室建立机制不断收集这方面的要求，并补充到相关的管理体系文件中去。

5. 实验室认可和ISO 9000认证的关系

实验室认可是由主任评审员（主要负责质量管理体系的审核）和技术评审员（主要负责对技术能力的评审）对实验室内所有影响其出具检测/校准数据准确性和可靠性的因素（包括质量管理体系的方面的要素或过程以及技术能力方面的要素或过程）进行全面评审。评审准则是检测/校准实验室的通用要求即国际标准ISO/IEC 17025，及其在特殊领域的应用说明。

ISO 9000认证只能证明实验室已具备完整的质量管理体系，即向顾客保证实验室处于有效的质量管理体系中，但不能保证检测/校准结果的技术可信度，显然认证

不适合于实验室和检查机构。

因此,如果检测/校准实验室符合ISO/IEC 17025的要求,则其检测/校准所运作的质量管理体系也符合ISO 9001或ISO 9002(即前者覆盖了后者的所有要求);而如果检测/校准实验室获得了ISO 9001和ISO 9002的认证,并不能证明实验室就具备了出具技术上有数据和结果的能力。

第二节　规范性引用文件

【标准条款】

2　规范性引用文件

下列参考文件对于本文件的应用不可缺少。对注明日期的参考文件,只采用所引用的版本;对没有注明日期的参考文件,采用最新的版本(包括任何的修订)。

ISO/IEC 17000 合格评定——词汇和通用原则。

VIM,国际通用计量学基本术语,由国际计量局(BIPM)、国际电工委员会(IEC)、国际临床化学和实验医学联合会(IFCC)、国际标准化组织(ISO)、国际理论化学和应用化学联合会(IUPAC)、国际理论物理和应用物理联合会(IUPAP)和国际法制计量组织(OIML)发布。

注:参考文献中给出了更多与本准则有关的标准、指南等。

【理解与实施】

引用标准说明

ISO/IEC 17000《合格评定——词汇和通用规则》是合格评定系列标准的基础性标准,由ISO合格评定委员会(CASCO)制定。该文件规定了与合格评定(包括对合格评定机构的认可)及其在贸易便利化中的应用有关的通用术语和定义。

VIM是International Vocabulary of Basic and General Terms in Metrology的简称,它定义了计量的基础名词和通用术语,是计量的基础性文件。

《准则》引用了ISO/IEC 17000《合格评定——词汇和通用规则》及VIM《国际通用计量学基本术语》。在准则中明确规定各方应探讨使用应用标准最新版本的可能性。

第三节 术语和定义

【标准条款】

---

3 术语和定义

本准则使用ISO/IEC 17000和VIM中给出的相关术语和定义。

注：ISO 9000规定了与质量有关的通用定义，ISO/IEC 17000则专门规定了与认证和实验室认可有关的定义。若ISO 9000与ISO/IEC 17000和VIM中给出的定义有差异，优先使用ISO/IEC 17000和VIM中的定义。

【理解与实施】

术语和定义的使用

《准则》使用ISO/ICE 17000和VIM中给出的相关术语和定义。ISO 9000虽规定了与质量有关的通用定义，但ISO/ICE 17000则专门规定了与认证和实验室认可有关的定义。若ISO 9000与ISO/ICE 17000和VIM中给出的定义有差异，本准则明确规定优先使用ISO/ICE 17000和VIM中定义。

第四章　管理要求

第一节　组　织

【标准条款】

4.1　组织

4.1.1　实验室或其所在组织应是一个能够承担法律责任的实体。

4.1.2　实验室有责任确保所从事检测和校准工作符合本准则的要求，并能满足客户、法定管理机构或对其提供承认的组织的需求。

4.1.3　实验室的管理体系应覆盖实验室在固定设施内、离开其固定设施的场所，或在相关的临时或移动设施中进行的工作。

4.1.4　如果实验室所在的组织还从事检测和/或校准以外的活动，为识别潜在利益冲突，应规定该组织中涉及检测和/或校准、或对检测和/或校准有影响的关键人员的职责。

注1：如果实验室是某个较大组织的一部分，该组织应当使其有利益冲突的部分，如生产、商业营销或财务部门，不对实验室满足本准则的要求产生不良影响。

注2：如果实验室希望作为第三方实验室得到承认，实验室应能证明其公正性，并能证明实验室及其员工不受任何可能影响其技术判断的、不正当的商业、财务或其他方面的压力。第三方检测或校准实验室不应当参与任何可能损害其判断独立性和检测或校准诚信度的活动。

4.1.5　实验室应：

a) 有管理人员和技术人员，不论他们的其他责任，他们应具有所需的权力和资源来履行包括实施、保持和改进管理体系的职责，识别对管理体系或检测和/或校准程序的偏离，以及采取预防或减少这些偏离的措施（见5.2）；

b) 有措施确保其管理层和员工不受任何对工作质量有不良影响的、来自内外部的不正当的商业、财务和其他方面的压力和影响；

c) 有保护客户的机密信息和所有权的政策和程序，包括保护电子存储和传输结果的程序；

d) 有政策和程序以避免卷入任何会降低其在能力、公正性、判断力或运作诚实性方面的可信度的活动；

e) 确定实验室的组织和管理结构、其在母体组织中的地位，以及质量管理、技术运作和支

持服务之间的关系;

f) 规定对检测和/或校准质量有影响的所有管理、操作和核查人员的职责、权力和相互关系;

g) 由熟悉各项检测和/或校准的方法、程序、目的和结果评价的人员,对检测和校准人员包括在培员工,进行充分地监督;

h) 有技术管理者,全面负责技术运作和提供确保实验室运作质量所需的资源;

i) 指定一名员工作为质量主管(不论如何称谓),不论其他职责,应赋予其在任何时候都能确保与质量有关的管理体系得到实施和遵循的责任和权力。质量主管应有直接渠道接触决定实验室政策或资源的最高管理者;

j) 指定关键管理人员的代理人(见注);

k) 确保实验室人员理解他们活动的相互关系和重要性,以及如何为管理体系质量目标的实现做出贡献。

注:一个人可能有多项职能,对每项职能都指定代理人可能是不现实的。

4.1.6 最高管理者应确保在实验室内部建立适宜的沟通机制,并就确保与管理体系有效性的事宜进行沟通。

【理解与实施】

1. 对非法人实验室应关注的内容

若实验室不具独立法人资格,而是某个组织的一部分,则应关注以下内容:

①母体组织的法定代表人应授权实验室独立开展检测或校准相关活动,声明为其提供财务、人力等资源,并对其一切行为承担法律责任。

②母体组织应发布公开性声明,声明不进行有损于实验室检测活动公正性、独立性的活动。

③母体组织应规定维护实验室公正性、独立性及防止利益冲突的措施。

④实验室的组织机构图应反映实验室在母体组织中的地位,以及与母体组织的其他部门之间的关系。

2. 离开其固定设施的场所、临时设施与移动设施

——离开其固定设施的场所是指实验室建筑物以外的检测或校准场所。例如,汽车试验场、EMC开阔场等。

——临时设施是为实施检测或校准而临时搭建的设施,临时配置的设备与人员。例如,土工实验室对工程材料的现场检测等。

——移动设施是指检测设施空间上是移动的。例如,环保移动检测车、移动测速装置等。

3. 实验室应予保护的客户信息

实验室应予保护的客户相关信息包括:

①客户提供的产品及其技术资料所携带的信息,如设计图纸、产品技术说明书、技术依据等。

②可能获知的客户先进的管理方法、技术装备等信息,如设备来源、技术性能。

③实验室给出的检测/校准数据和结果。

④可能被客户的竞争对手所利用的其他信息。

4. 实验室组织结构图

组织结构图分为外部组织结构图和内部组织结构图。

外部组织结构图重在描述和外部组织的接口,二级法人需描述其在母体组织中的地位和母体组织中其他机构之间的关系,一级法人则可以描述上级行政主管部门(如有的话)和有业务指导关系的机构。一级法人通常不必在手册中提供外部组织结构图。内部组织结构图应真实反映机构的内部设置,包括最高管理层的组成和分工、各管理部门和专业科室的设置、非常设机构的设立以及它们各自在实验室中的地位、作用和相关关系。内部组织结构和外部组织结构有时也可在一张图中表示出来。

组织机构框图中领导关系用实线。专业科室和管理部门虽然在行政级别上是平行关系,但由于管理部门的组织、协调和服务的职能,在组织机构框图中有时可居于专业科室之上。管理部门可用实线和箭头指向表示它们与专业科室间的相互关系。非常设机构可用虚线方框表示,与最高管理层中的分管负责人之间用虚线相连。二级法人的实验室,当技术保障和供应由实验室外的其他部门提供时,可用虚线相连。

在有的国际组织和国外检测/校准实验室的组织结构图中,上下级之间的连线不带箭头;没有反映出非常设机构;方框中没有职能或职责的简单描述;管理部门和专业科室是并行关系,同样接受实验室最高管理层的领导。

5. 最高管理者主要工作内容

最高管理者是指在最高层指挥控制组织的一组人或一个人。

最高管理者工作内容主要包括:

①领导实验室贯彻执行上级有关方针政策,传达满足法律、法规、规范和客户要求的重要性。

②主持策划、建立(含变更)管理体系即确定组织结构和管理结构,确保管理体

系的完整性。

③建立沟通机制实施内外部沟通。

④制定质量方针目标,批准质量手册,发布质量承诺。

⑤定期实施管理体系评审,并负责持续改进的策划和实施。

⑥任命关键岗位管理人员,指定关键岗位代理人。

⑦确保获得检测/校准所必要的资源等。

6. "技术负责人"和"技术管理者"的区别

"技术负责人"的概念是一个人,而"技术管理者"的概念是指挥和控制实验室技术运作的一组人或一个人,即综合实验室和大型的实验室一组人,单一专业和小型的实验室一个人。

7. 质量负责人和技术负责人设置数量的要求

实验室质量负责人(质量主管)一般为一个人,除非多场所可以每个场所指定一名质量主管。因为不管实验室多大,应该在一个管理体系下运行,质量负责人是负责实验室管理体系建立、实施和保持,一个负责人即可。技术管理者完全可以多名,不同专业应该有自己专业的技术管理者。

8. 质量监督和质量控制的区别

质量监督的对象是人,是针对人员的能力,初始能力针对在培员工,持续能力针对已经上岗的员工,是对人员的控制,目的是保证人员自始至终具备能力。

质量控制是针对检测/校准结果,对结果的控制,目的是防止发出错误结果报告。

9. 如何设计质量监督表

一般质量监督表的内容包括:

(1)共性的记录

监督项目、检测/校准(或检查)依据、受监督人员、监督人员签名、监督日期等。

(2)监督内容

——人员资格及资格保持情况;

——熟悉作业指导书及执行情况;

——检验规程/校准规范的符合性;

——设备操作情况;

——环境、设施的符合性;

——样品标识情况;

——样品制备及试剂和消耗性材料的配置情况;

——抽样计划及执行情况;

——原始记录及数据的核查情况;

——数据处理及判定;

——不确定度评审情况;

——结果报告的出具情况。

（3）监督结论

（4）不符合的现场纠正

（5）不符合工作后续采取纠正措施,完成时间

9. 监督员和内审员有什么区别

监督员和内审员的不同主要表现在以下三个方面:

（1）对象不同

监督员是对检测、校准业务的监督,特别是对在培和临时人员的监督;内审员内审的对象是质量管理体系覆盖的全部内容,重点是质量管理要求。

（2）方式不同

监督员的监督要求连续地监督,且要做到足够、充分;内审员的内审是间断式的（不管是集中式内审还是滚动式内审都是间断式的）。

（3）独立性不同

监督员的监督一般是本部门监督本部门;内审员只要资源许可,应独立于被审部门。

第二节　管理体系

【标准条款】

4.2　管理体系

4.2.1　实验室应建立、实施和保持与其活动范围相适应的管理体系;应将其政策、制度、计划、程序和指导书制订成文件,并达到确保实验室检测和/或校准结果质量所需的要求。体系文件应传达至有关人员,并被其理解、获取和执行。

4.2.2　实验室管理体系中与质量有关的政策,包括质量方针声明,应在质量手册(不论如何称谓)中阐明。应制定总体目标并在管理评审时加以评审。质量方针声明应在最高管理者的授权下发布,至少包括下列内容:

　　a)实验室管理者对良好职业行为和为客户提供检测和校准服务质量的承诺;

　　b)管理者关于实验室服务标准的声明;

　　c)与质量有关的管理体系的目的;

　　d)要求实验室所有与检测和校准活动有关的人员熟悉质量文件,并在工作中执行这些政策和程序;

　　e)实验室管理者对遵循本准则及持续改进管理体系有效性的承诺。

　　注:质量方针声明应当简明,可包括应始终按照声明的方法和客户的要求来进行检测和/或校准的要求。当检测和/或校准实验室是某个较大组织的一部分时,某些质量方针要素可以列于其他文件之中。

4.2.3　最高管理者应提供建立和实施管理体系以及持续改进其有效性承诺的证据。

4.2.4　最高管理者应将满足客户要求和法定要求的重要性传达到组织。

4.2.5　质量手册应包括或指明含技术程序在内的支持性程序,并概述管理体系中所用文件的架构。

4.2.6　质量手册中应规定技术管理者和质量主管的作用和责任,包括确保遵循本准则的责任。

4.2.7　当策划和实施管理体系的变更时,最高管理者应确保保持管理体系的完整性。

【理解与实施】

1.管理体系文件

（1）基本要求

①规范性。质量手册及其支持文件都是实验的规范性文件,必须经过审批才能生效执行。批准生效的文件必须认真执行,不得违反。如果要修改则必须按规定的程序进行。任何时候都不能使用无效版本的文件。

②系统性。实验室应对其管理体系中采用的全部要素、要求和规定,有系统、有条理地制定成各项方针和程序;所有文件应按规定的方法编辑成册;层次文件应分布合理。

③协调性。体系文件的所有规定应与实验室的其他管理规定相协调;体系文件之间应相互协调、互相印证;体系文件之间应与有关技术标准、规范相互协调;应认真处理好各种接口,避免不协调或职责不清。

④唯一性。对一个实验室,其管理体系文件是唯一的,一般每一项活动只能规定唯一的程序,每一个程序文件或操作文件只能有唯一的理解,一项任务只能同一个部门(或人)总负责。

⑤适用性。没有统一的标准化文件格式,注意其适用性和可操作性,编写任何文件都应依据准则的要求和实验室的现实;所有文件的规定都应保证在实际工作中能完全做到;遵循"最简单、最易懂"原则编写各类文件。

(2)基本原则

①系统协调。管理体系文件应从检测机构的整体出发进行设计、编制。对影响检测质量的全部因素进行有效的控制,接口严密、相互协调,构成一个有机的整体。

②科学合理。管理体系文件不是对管理体系的简单描述,而是对照《准则》,结合检验工作的特点和管理的现状,做到科学合理,这样才能有效地指导检验工作。

③操作实施。编写管理体系文件的目的在于贯彻实施,指导检验工作,所以编写管理体系文件时程序控制始终要结合本单位的实际情况,确保所制定的文件都是可操作的,便于实施、检查、记录、追溯。

④职责分明。语气要肯定,避免出现"大致上"、"基本上"、"可能"、"也许"之类的词语;结构清晰、文字简明;格式统一,文风一致。

(3)构成

管理体系文件构成包括实验室的政策、制度、计划、程序和作业指导书。

一般实验室管理系文件分为四个层次:①质量手册。质量手册描述实验室为达到质量目标和证明工作可信性所采取的具体方法和程序。②程序文件。程序文件描述实施管理体系要素所涉及的质量活动,即为什么做(目的)、做什么、由谁来做、何时做、何地做等。③作业指导书。作业指导书是有关任务如何实施和记录的详细描述,是回答如何做的文件,由具体操作执行人员使用。④记录和表单。包括各种质量记录和技术记录。

2. 质量手册

(1)目的

实验室质量手册是作为指导内部实施质量管理的法规性文件,也是代表实验室对外做出承诺的证明性文件。编制质量手册的主要目的是:①传达实验室的质量方针、程序和要求;②促进管理体系有效运行;③规定改进的控制方法及促进质量保证的活动;④环境改变时保证管理体系及其要求的连续性;⑤为内部管理体系审核提供依据;⑥作为有关人员的培训教材;⑦对外展示、介绍本实验室的管理体系;⑧证明本实验室的质量管理体系与顾客或认证机构所要求的质量管理体系标准完全符合且有效;⑨作为承诺,向顾客提出能保证得到满意的产品或服务。

（2）作用

①作为对质量管理体系进行管理的依据;②作为质量管理体系审核或评价的依据;③作为质量管理体系存在的主要证据。

（3）要求

质量手册是根据规定的质量方针、质量目标,描述与之相适应管理体系的基本文件,提出了对过程和活动的管理要求。包括:①说明实验室总的质量方针以及管理体系中全部活动的政策;②规定和描述管理体系;③规定对管理体系有影响的管理人员的职责和权限;④明确管理体系中的各种活动的行动准则及具体程序。

3. 质量手册的附件中应包含的内容

有的实验室的质量手册附录有实验室平面图、人员一览表、设备一览表、检测能力一览表等等,当实验室的人员、设备等变动时,手册附录的内容也要跟着变,操作起来很麻烦。事实上质量手册的附件只要有两附件就满足要求,就是程序文件的目录和质量手册与CNAS-CL01的对照表;其他的附件（如人员一览表、设备一览表、检测能力一览表等）是否作为质量手册的附件并没有统一规定,完全是实验室自己考虑的事情。

4. 质量方针和质量目标

质量方针是由组织的最高管理者正式发布的该组织总的质量宗旨和质量方向。质量目标是总体目标的组成部分,是在质量方面所追求的目的。质量方针和质量目标既有区别又有联系。

按中文定义,"方针"是引导事业前进的方向和目标,而"目标"则是寻求的对象,是想要达到的境地。由此,我们不难看出文中关于方针和目标的定义与检测和校准实验室认可准则中规定至少应包括的内容是一致的。

（1）作用

质量方针是实验室的质量宗旨和质量方向,是实验室经营方针的组成部分。质量方针应体现实验室对质量的指导思想和承诺,是管理评审的重要输入。质量方针为建立和评审质量目标提供了框架。

质量目标是质量方针的具体化,为在一定的时间范围内或限定的范围内,实验室所规定的与质量有关的预期应达到的具体要求、标准或结果。

建立质量方针和质量目标为实验室提供了关注的焦点,两者应确定预期的结果并利用其资源达到这些预期的结果。

(2)《准则》对实验室制定质量方针和目标的要求

①既要求实验室制定当前目标(质量目标),又要求实验室制定中长期目标(质量方针)。实验室最高管理者不仅要考虑当前,也需有战略眼光,着眼未来。

②质量方针应有本实验室的特色,要体现三个承诺、一个框架。

三个承诺:一是指良好职业行为的承诺,二是指服务质量的承诺,三是指持续改进管理体系的承诺。

一个框架:是指质量方针为质量目标制定提供框架和评价依据。

③质量目标要体现挑战性、可测性、可实现性:

挑战性——是要求质量目标经过努力才能实现,不是轻而易举,一蹴而就的。

可测性——质量目标是可以度量的,也就是说要有具体数据或可定性的,如结果报告差错率<5%,及时率>99%,客户投诉处理率>99%等。

可实现性——指目标既要有挑战性,又不能定得太高,是经过努力可实现的。

(3)制定方法

检测和校准实验室认可准则要求对实验室质量体系的方针和目标应在质量手册中予以规定,并规定了至少应包括的内容。实践证明,如果质量方针和目标不切合实际或出现偏离,则在管理评审中无法对质量体系现状和适应性进行评价,因此质量方针和目标的制定,应该引起足够重视。

质量方针应包括实验室的组织目标和顾客的期望及需求,切忌空洞抽象和不联系实际,应综合考虑内外部因素。对内部因素,首先应考虑实验室的中长期发展规划和经营目标、过去的年度业绩、现有资源、目前的管理水平等;对外部因素,应考虑有关的法律法规、社会发展动向和有关部门的宏观管理要求、国内外同行业的发展水平、其他相关方面的需求、期望和满意程度、顾客的预期或期望满意程度等,并有必要考虑实验室能力、背景、文化技术和市场趋向。应使用容易理解的语言来表达,要确保各种人员都能理解,并坚决贯彻执行,做到能抵制和纠正不符合质量方针的现象和行为。因此,在制定质量方针时应注意为使组织成功,将来所需进行的改进的程度和类型、预期或期望的顾客满意程度、其他相关的需求和期望、合作者潜在贡献以及标准改变后所要求的资源等。

在制定质量目标时应确保质量目标与质量方针保持一致。质量方针为质量目标提供了制定和评审的框架,因此,质量目标应建立在质量方针的基础之上。可以采用从质量方针引出质量目标的方法,即在充分理解质量方针实质的基础上,将具体目标引出来。还应充分考虑实验室现状及未来的目标,既不能好高骛远,也不能不用费劲轻松实现,这样的目标都没有激励作用。应考虑"谋其上,得其中;谋其中,得其下",以不断激励员工的积极性和创造性,实现其增值效果。同时深度分析考虑客户和用户等相关市场的要求。要使实验室的质量目标具有前瞻性,必须关注市场的现状和未来,充分考虑客户和用户等一切相关市场的需求和期望,考虑各方的要求是否得到满足及满足的程度,才能使质量目标有充分的引导作用,并与市场需求相吻合从而取得更大的成功和进步。最后还需考虑实验室内部管理评审的结果。如果实验室已经建立了质量管理体系,并进行了管理评审,那么,就需要在管理评审的过程中发现问题,经过对质量目标适宜性、充分性和有效性进行评审,提出纠正措施,以改进质量目标,使其更有针对性、发展性。由于有些实验室对质量目标的含义理解不够准确,容易出现以下几个方面的问题:

①质量目标过高,实验室预期不能达到。有些实验室为了突现本身的资源和能力,定出了高于大多数实验室的而无法完全达到的质量目标;有的实验室认为质量目标是一种追求,可以不到达,从而定出了不切实际的质量目标。②质量目标应是与质量有关的目标,有些实验室的质量目标与质量无关,例如,有实验室提出"一年内经济效益提高30%"作为质量目标。③质量目标应是紧紧围绕质量方针来展开的,但有些实验室的质量目标与质量方针的关系只能说是牵强附会,根本谈不上紧密。④质量目标不量化,不具有可测量性。有些实验室的质量目标中多是一些空洞的口号,根本无法考评,因而无法验证质量目标是否达到。⑤内部审核时,不对质量目标进行考核。有些实验室进行了多次内审,但从未对质量目标进行考核。这实际上是一个非常严重的问题,因为它失去了建立质量体系的意义。⑥管理评审时,没有对质量目标进行评价和持续改进。

5. 实验室的各种签字如何界定

对实验室的签字进行分类分工可以解决这个问题。

①质量手册、质量方针、质量目标应由最高管理者批准。管理评审报告就应该由最高管理者批准。

②结果报告由技术管理者批准就可以,标准方法的证实、非标准方法的确认、方法偏离的批准等由技术管理者批准就行。

③程序文件、内审计划、内审报告等由质量负责人批准就行。作业指导书由部门负责人批准就行。

《准则》除了规定质量手册、质量方针、质量目标应由最高管理者批准外，没有规定哪些一定需要领导签字，由实验室自己定。

6. 质量负责人和技术负责人

（1）质量负责人和技术负责人的职责要求

《准则》中对质量主管和技术管理者的描述分别为：指定一名员工作为质量主管（不论如何称谓），不论其他职责，应赋予其在任何时候都能确保与质量有关的管理体系得到实施和遵循的责任和权力。质量主管应有直接渠道接触决定实验室政策或资源的最高管理者；有技术管理者，全面负责技术运作和提供确保实验室运作质量所需的资源。因一般实验室都使用质量负责人和技术负责人的称呼，以下用质量负责人和技术负责人代指质量主管和技术管理者。

质量负责人的管理职责也可以分为两个方面：

①实验室内部：体系运行维护、文件控制、不符合/纠正/预防的组织处理和实施、内部审核、内部监督；②实验室外部：外部审核前期准备接待、客户满意度调查、客户投诉处理、分包方质量审核。

技术负责人的职责主要为两个方面：

①全面负责实验室的技术活动运作，包括重大技术问题的决策、检验技术的开发与应用、设备操作指导书以及各种技术类文件的审批、技术人员技术能力的确认等；②确保实验室运行质量所需资源（物质资源、人力资源、信息资源等）的供应和技术保证。

（2）质量负责人和技术负责人的关系

①相互独立。质量管理和技术管理是实验室管理的两个方面，质量负责人和技术负责人都有具体的职责和权限，岗位不同，工作内容与着重点自然也不同。技术负责人侧重于技术活动的运作，与检测活动有关的人、机、料、法、环都要达到要求，例如人员的能力、设备的使用、样品和消耗品的控制管理、方法的选择、检测环境的控制等，通过有效的手段和决策，保证实验室检测结果和数据的准确。质量负责人侧重于对体系运行的保证和维护，包括管理规定的健全，不符合情况的监控，关注客户的要求，执行客户满意度调查，以及管理体系内部的定期审核评价，接受外部审核，改进跟踪。质量和技术两个方面，权责明确、岗位平等、工作相对独立，是实验

室管理的统一方面,从不同的角度共同推进和完善实验室的管理,保证实验室的检测质量。

②相互配合。在具体的各项检测活动中,质量和技术就像一对孪生兄弟,形影不离,往往是既有技术的形貌,也有质量的影子。比如"4.4 要求、合同或标书的评审"要素,合同评审的主体,合同评审的流程,合同评审的输入、输出,合同评审的记录等都需要从质量管理的角度提出要求,但是合同评审过程本身却是一个技术活动的过程,需要从技术的角度确定合同是否可行,是否可以进行检测,是否能保证检测结果的准确等;再比如"4.13记录"要素,记录的及时、记录的完整、记录的清晰、记录的编号、记录的更改、记录的归档等等都是质量要求,此要素也是管理要求的一部分,但是记录的准确则必须从技术的角度给予保证,必须符合数据的采集、数据的修约、极限数据的处理、临界数据的处理要求等;同样,比如"5.8样品的处置与管理",样品的处置的要求就同时包括质量和技术部分,不能影响检测数据的准确和结果的判断,同时也需要满足相关的流程要求和保密要求。质量管理和技术管理相生相容,可以说你中有我,我中有你,相互依赖,共同发展。很多问题表现是管理问题、质量问题,但要真正解决,则要靠技术手段;同样技术问题,也需要质量方法来固化,来推动。

③相互监督。质量负责人和技术负责人不仅相互配合,还相互监督。单从质量或技术的角度考虑问题,往往是不全面的、容易走向极端的,这就需要双方相互监督,共同进步。不重视技术,结果是显然的,检测数据不准确,试验结果有误,造成无法弥补的问题。同样,不重视质量,管理混乱,技术无法固化,同样的问题可能重复发生,浪费人力物力,也不利于实验室的发展。只有质量负责人和技术负责人结合起来,协调一致,实验室才能更好更快地持续发展。

(3)质量与技术结合前瞻

①质量与技术互相渗透。质量与技术相互配合又相互监督,每一个都是整体的一部分。因此,如果质量负责人懂技术,技术负责人懂质量,那么在实际工作中,双方的配合与监督将更容易进行,双方的交流更容易达成共识,从而高质高效地解决实验室这个整体存在的问题。技术负责人懂质量,就可以用质量管理的手段为技术服务,那么,如何保证检测结果的一致性、准确性,如何控制影响检测的关键环节,如何使先进的技术固化,就更容易实现。而质量负责人懂技术,则对关键质量控制点的选择,对内部检查审核点,对不符合的处理,对纠正措施的验证,

都会更准确和有效,也更容易提高质量工作的质量和效率。在实验室管理中,需要培养具备质量知识的技术负责人和具有良好技术背景的质量负责人,复合型人才是最佳的选择。

②质量与技术互相分享。检测活动的每一个环节都可能既涉及质量又涉及技术,因此,质量负责人和技术负责人的共同参与、协调一致就变得更为重要。双方侧重点不同,考虑问题的角度不同,更容易从不同的专业方向挖掘出深层次的原因和改进举措,更容易擦碰出智慧的火花,推进实验室的发展。因此,质量与技术负责人之间需要经常沟通、乐学乐教,取长补短,共同推进。

③对于实验室而言,数据和报告为最终输出的"产品";只有质量和技术共同发展,两手都要抓,两手都要硬,才能制造出客户满意的"优质产品",才能使实验室持续改进、不断迈上新台阶。

第三节　文件控制

【标准条款】

4.3　文件控制

4.3.1　总则

实验室应建立和保持程序来控制构成其管理体系的所有文件(内部制定或来自外部的),诸如法规、标准、其他规范化文件、检测和/或校准方法,以及图纸、软件、规范、指导书和手册。

注1:本文中的"文件"可以是方针声明、程序、规范、校准表格、图表、教科书、张贴品、通知、备忘录、软件、图纸、计划等。这些文件可能承载在各种载体上,无论是硬拷贝或是电子媒体,并且可以是数字的、模拟的、摄影的或书面的形式。

注2:有关检测和校准数据的控制在5.4.7条中规定。记录的控制在4.13中规定。

4.3.2　文件的批准和发布

4.3.2.1　凡作为管理体系组成部分发给实验室人员的所有文件,在发布之前应由授权人员审查并批准使用。应建立识别管理体系中文件当前的修订状态和分发的控制清单或等效的文件控制程序并使之易于获得,以防止使用无效和/或作废的文件。

4.3.2.2　文件控制程序应确保:

a)在对实验室有效运作起重要作用的所有作业场所都能得到相应文件的授权版本;

b)定期审查文件,必要时进行修订,以确保其持续适用和满足使用的要求;

c)及时地从所有使用或发布处撤除无效或作废文件,或用其他方法保证防止误用;

d）出于法律或知识保存目的而保留的作废文件,应有适当的标记。

4.3.2.3　实验室制定的管理体系文件应有唯一性标识。该标识应包括发布日期和/或修订标识、页码、总页数或表示文件结束的标记和发布机构。

4.3.3　文件变更

4.3.3.1　除非另有特别指定,文件的变更应由原审查责任人进行审查和批准。被指定的人员应获得进行审查和批准所依据的有关背景资料。

4.3.3.2　若可行,更改的或新的内容应在文件或适当的附件中标明。

4.3.3.3　如果实验室的文件控制系统允许在文件再版之前对文件进行手写修改,则应确定修改的程序和权限。修改之处应有清晰的标注、签名缩写并注明日期。修订的文件应尽快地正式发布。

4.3.3.4　应制定程序来描述如何更改和控制保存在计算机系统中的文件。

【理解与实施】

1. 文件

（1）定义

文件是信息及其载体。（ISO/IEC 9000: 2015）

文件是形成实验室管理体系组成部分的任何信息或指导书。

（2）作用

文件对明确要求、沟通意图、统一协调开展实验室各项活动和过程,以及证实活动和过程的结果起十分重要的作用,有助于:①满足客户要求和质量改进;②提供适宜的培训;③重复性和可追溯性;④提供客观证据;⑤评价管理体系的有效性和持续适宜性。

（3）表现形式

文件的表现形式多样化,文件的载体可以是硬拷贝或电子媒体,如纸张、磁盘、光盘、照片或标准样品,或它们的组合。方针声明、程序、规范、校准表格、图表、教科书、张贴品、通知、备忘录、软件、图纸、计划等都属于文件的范畴。

文件包括内部文件和外部文件。内部文件是由实验室制定的,如质量手册、程序文件、作业指导书等。外部文件如法律、法规、规章、标准、规范、检测方法、图纸等。空白的记录表单属于文件控制范畴,填写了具体内容后,就成了记录。

2. 实验室获得外来文件的途径

（1）向标准情报部门查询

就实验室而言,常见的一种做法是和情报部门建立长期固定的协议关系,情报部门定期提供相关产品标准的发布、更新信息和所需的标准。

（2）订购权威机构出版的国家标准和计量技术法规目录

①中国标准出版社《国家标准目录及信息总汇》：收集了截止到上一年度批准发布的全部现行国家标准信息，同时补充载入被代替、被废止的国家标准目录及国家标准修改、更正、勘误通知等相关信息。

②中国计量出版社《计量技术法规目录》：收集了国家计量检定规程、国家计量检定系统、国家计量技术规范和国家计量基（标）准、副基准操作技术规范的信息，并将国家质检总局公布的已修改的计量技术法规的编号和名称作为附录编入。

（3）从期刊中获取最新信息

①《国家质量监督检验检疫总局公报》：公告与质量监督检验检疫有关的各种法律、法规、规章以及重要文件，发布标准、计量技术规范更新的信息，专业性的技术刊物。

②《中国标准化》发布国家标准的批准公布公告和行业标准、地方标准备案公告。

③《中国计量》发布国家质检总局关于计量技术法规更新的公告以及和计量有关的国家标准更新的信息。

④《工业计量》也会发布国家计量技术规范更新的公告。由于科技期刊的连续性，顾客必须期期关注，不能遗漏。

（4）应用互联网查询

ISO、IEC、OIML以及我国的国家标准情报部门等都建立了网站，可以查询到现行有效的国际标准、国际建议、国际文件以及国家标准。

（5）参加技术交流会

参加各类专业技术委员会，既可获取学科发展动向等信息，还可了解技术法规编制计划，积极主动地参与到标准、计量技术法规的编制或修订工作中去。

3. 受控文件

受控的目的是让执行的人按照唯一现行有效版本的要求去做，防止使用无效和/或作废的文件。有的文件既有受控版本，也有非受控版本，确定其是否受控，关键要看预期用途。例如，提供给实验室内部员工规范其活动的质量手册应受控，而提交给评审机构证明实验室质量标准要求并且不回收的质量手册就不需要受控。

受控文件既有实验室制定的文件,包括质量手册、程序文件、作业指导书、质量记录格式等;又有外来文件,包括标准、规范、客户提供的方法等。典型的受控文件包括以下四类:

(1)与实验室活动相关的法律、法规、规章以及实验室认可准则、规则、指南等。

(2)指导实验室员工开展质量活动的质量手册和程序文件。

(3)指导实验室员工开展检测/校准活动的作业指导书,包括外来的(如国家标准、检定规程、校准规程等)和实验室自己起草制定的。

(4)质量记录和技术记录格式。

4.如何控制文件

(1)凡作为管理体系组成部分发给实验室人员的所有文件,在发布之前应由授权人员审查并批准使用。

(2)在对实验室有效运作起重要作用的所有作业场所都能得到相应文件的授权版本。

(3)定期审查文件,必要时进行修订,以确保其持续适用和满足使用的要求。

(4)及时地从所有使用或发布处撤除无效或作废文件,或用其他方法保证防止误用。

(5)出于法律或知识保存目的而保留的作废文件,应有适当的标记。

(6)实验室制定的管理体系文件应有唯一性标识。

(7)文件的变更应由原审查责任人进行审查和批准。

5.实验室文件"有效版本"、"现行有效版本"、"授权版本"的区别

有效版本和现行有效版本意义相同,其中"现行有效版本"更准确,是指当前的"有效版本"。

授权版本是由实验室或相关部门授权的版本。例如:现行有效版本标准中引用的标准是带日期的,那么即使有更新的标准也不能用,只能用引用的标准。如引用的标准是CNAS CL01-2006,即使新的标准如:CNAS CL01-2016已经发布也不能使用,只能使用CNAS CL01-2006,这就是授权版。

6.管理体系文件的修订与换版

文件修订与换版是不同概念,不能混为一谈。换版是全面彻底的修改,修改是局部的更改。

一般情况下,引起质量手册修订的原因有:

(1)质量手册所依据的标准、法规、规范发生变化。

(2)实验室的组织和管理结构发生变化,部门还会发生调整。

(3)由于外部环境的变化,对质量要素(过程)的要求随之发生了变化。

(4)检测/校准类型或范围、对象、场所发生变化。

文件修改随时随地可以进行;而文件换版,一般在以下情况才进行:

(1)建立管理体系所依据的标准有实质性变化(如:CNAS CL01换版)。

(2)实验室的最高管理者变更(除非后任声明接受原质量手册)。

(3)实验室组织机构发生重大变化。

(4)实验室搬迁,场所、平面布置图发生变化。

(5)实验室质量手册经多次修改。

7. 文件受控的标识方法

对文件控制的方法很多,包括:①唯一性编号;②发放号;③版本号;④受控章;⑤有效章;⑥受控标识;⑦红黄绿标识等。

可以选择一种或几种来控制文件。但是如果这些标识都用于某一文件,不仅不能将文件控制好,反而会增加很多麻烦。文件需要控制,是越简单有效越好,而不是越复杂越好。如果把几种方法用在同一个文件上虽然也能控制文件的有效性,但过于烦琐,会增加控制的难度,稍有疏忽就会失控,因此,只要有效,方法越简单越好。

推荐文件的唯一性编号加上分发号,就可以很好地对文件受控。如:某实验室的质量手册的控制号MQ-AA-2016-001。MQ表示文件名称——质量手册,AA表示单位代号,2016表示年号,001表示发放号。又如外来文件CNAS CL01-2006后面加上实验室的代号和发放号(CNAS-CL01-2006-AA-001),也就得到了控制。

8. 实验室应建立的程序文件

CNAS-CL01要求实验室应建立的(但不限于)程序文件如下:

(1)保护客户的机密信息和所有权的政策和程序(4.1.5.c)。

(2)保证实验室诚信度(可信度)的政策和程序(4.1.5.d)。

(3)文件控制程序(4.3.1)。

(4)计算机系统中的文件控制程序(4.3.3.4)。

(5)要求、标书和合同评审程序(4.4.1)。

（6）服务和供应品采购的政策和程序（4.6.1）。

（7）投诉的政策和程序（4.8）。

（8）不符合检测和（或）校准工作的控制的政策和程序（4.9.1）。

（9）纠正措施的政策和程序（4.10.1）。

（10）预防措施程序（4.11.2）。

（11）记录的控制程序（4.12.1.1）。

（12）内部审核程序（4.13.1）。

（13）管理评审程序（4.14.1）。

（14）人员培训的政策和程序（5.2.2）。

（15）（实验室）内务管理程序（5.3.5）。

（16）检测和校准方法及方法确认程序（5.4.1）。

（17）校准实验室测量不确定度的评定程序（5.4.6.1）。

（18）检测实验室测量不确定度的评定程序（5.4.6.2）。

（19）数据保护程序（5.4.7.2.b）。

（20）设备管理程序（5.5.6）。

（21）设备校准程序（5.6.1）。

（22）参考标准校准程序（5.6.3.1）。

（23）期间核查程序（5.6.3.3）。

（24）参考标准和标准物质的管理程序（5.6.3.4）。

（25）抽样程序（5.7.1）。

（26）检测和校准物品样品的处置程序（5.8.1）。

（27）检测和校准结果质量控制程序（5.9）。

（28）实验室安全作业管理程序（检验检测机构资质认定评审准则）。

（29）实验室环境保护程序（检验检测机构资质认定评审准则）。

（30）参加能力验证的程序和记录要求（CNAS-RL02能力验证规则）。

9. 实验室作业指导书

作业指导书是指有关任务如何实施和记录的详细描述。

作业指导书可以是详细的书面描述、流程图、图表、模型、图样中的技术注释、规范、设备操作手册、图片、录像、检查清单，或这些方式的组合。作业指导书应当对使用的任何材料、设备和文件进行描述。必要时，作业指导书还可包括接受准则。

按照内容划分，通常可分为以下四类：

（1）仪器设备的操作规程。

（2）指导样品处置、制备的作业指导书（包括化学实验室中化学试剂的配置方法等）。

（3）检测/校准方法及其补充文件。这类作业指导书是针对某一具体项目的。除了检定规程、校准规范、标准、型式评价/样机试验大纲、测试规范、期间核查方法、测量不确定度评定、数据处理方法等文件以外，还包括对以上文件中规定不细和不够完善部分的补充文件。例如，对规定方法的偏离实施细则、检测/校准实施细则、抽样实施细则等。

（4）导则、规则类文件。为规范作业指导书和质量记录的编写或填写，需要规定各类专用作业指导书和质量记录的编写内容、结构和格式。这类文件包括型式评定大纲/样机试验大纲编写导则、检测/校准实验细则编写导则、报告/证书编写规则、校准/检测结果报告结论用语规范、原始记录填写规范、测量设备技术操作规范编写规则、体系文件编辑排版规则等。

10. 实验室计算机内文件控制

计算机系统中的文件控制程序包括了质量手册、程序文件、法律法规、规范及相关记录表格式及记录的电子版本等的控制，实际上就是对电子文档的控制，实验室应该做到：

（1）设置密码对进入进行控制。

（2）设置权限（谁能读/读哪些文件和数据，谁能改/改哪些文件）。

（3）电子文档控制范围包括实验室制定的文件、外来文件（包括法律法规规章、国际标准、国家标准、行业标准、地方标准、客户提供的方法等）。

（4）电子文档不管是自动采集的还是人工输入的数据和结果都要保护其完整性和安全性。

随着网络技术的发展，越来越多的实验室用到实验室管理系统（LIMS系统等），这是实验室的进步，要敢于应用电子文档（省时省力、快速准确）。运用电子文档一定要满足CNAS的要求，避免电子文档丢失、电子文档没有及时备份给实验室造成的损失。

第四节　要求、标书和合同的评审

【标准条款】

4.4　要求、标书和合同的评审

4.4.1　实验室应建立和保持评审客户要求、标书和合同的程序。这些为签订检测和/或校准合同而进行评审的政策和程序应确保:

　　a) 对包括所用方法在内的要求应予充分规定,形成文件,并易于理解(见5.4.2);

　　b) 实验室有能力和资源满足这些要求;

　　c) 选择适当的、能满足客户要求的检测和/或校准方法(见5.4.2);客户的要求或标书与合同之间的任何差异,应在工作开始之前得到解决。每项合同应得到实验室和客户双方的接受。

　　注1: 对要求、标书和合同的评审应当以可行和有效的方式进行,并考虑财务、法律和时间安排等方面的影响。对内部客户的要求、标书和合同的评审可以简化方式进行。

　　注2: 对实验室能力的评审,应当证实实验室具备了必要的物力、人力和信息资源,且实验室人员对所从事的检测和/或校准具有必要的技能和专业技术。该评审也可包括以前参加的实验室间比对或能力验证的结果和/或为确定测量不确定度、检出限、置信限等而使用的已知值样品或物品所做的试验性检测或校准计划的结果。

　　注3: 合同可以是为客户提供检测和/或校准服务的任何书面的或口头的协议。

4.4.2　应保存包括任何重大变化在内的评审的记录。在执行合同期间,就客户的要求或工作结果与客户进行讨论的有关记录,也应予以保存。

　　注: 对例行和其他简单任务的评审,由实验室中负责合同工作的人员注明日期并加以标识(如签名缩写)即可。对于重复性的例行工作,如果客户要求不变,仅需在初期调查阶段,或在与客户的总协议下对持续进行的例行工作合同批准时进行评审。对于新的、复杂的或先进的检测和/或校准任务,则应当保存更为全面的记录。

4.4.3　评审的内容应包括被实验室分包出去的任何工作。

4.4.4　对合同的任何偏离均应通知客户。

4.4.5　工作开始后如果需要修改合同,应重复进行同样的合同评审过程,并将所有修改内容通知所有受到影响的人员。

【理解与实施】

1. 要求

要求来自客户"明示的,通常是隐含的或必须履行的需求或期望",是客户就检测或校准服务提出的申请或查询。客户要求通常以书面文字形式出现,如申请书、查询函件、招标公告、委托函、政府部门的指令或计划等。有时客户也使用电子媒介，如电子邮件、网络文件等方式提出服务要求。实验室与客户之间通过电话或口头交谈，形成客户的口头要求。客户的要求是检测服务实现过程的输入，实验室通过识别客户的需求和期望，提出对客户要求的响应文件，如标书、合同草案等。

2. 标书

标书在标准中是指实验室为响应客户要求编制的投标文件，实验室作为投标人的身份出现。招标书是招标方提出的招标文件，也是实验室编制标书的依据。标书针对招标书的程序条款、技术条款及商务条款等分别作出回应，按照招标邀请函规定的时限、地点和条件，按照投标书格式，编制包括技术要求及附件、投标保证文件、合同条件、技术标准和规范、投标单位资格文件等内容的标书，经评审后参与竞标。

3. 合同

合同是平等主体的自然人、法人、其他组织之间的设定、变更、终止民事权利义务关系的协议。对实验室来讲，合同是实验室与客户双方就检测服务达成的民事权利义务协议，具有法律效力。合同一般包括技术要素、商务要素和法律责任要素。技术要素如检测方法、检测项目、样品、报告结果的要求等；商务要素如时间和费用；法律责任要素如报告的使用、双方的责任和义务、赔偿的条件和金额，以及合同变更、解除、终止条件等。实验室活动的合同表现形式多种多样，如合同、服务协议书及委托书等。合同形式不拘，关键是内容和约定是否能全面反映客户的需求，实验室能够实现客户的需求，同时对实验室和客户双方都是有利的。

4. 合同评审

合同评审是为了满足客户的要求，对实验室技术能力进行全面的评估，查看是否能够满足客户要求的质量控制活动。其起到与客户有效沟通和协调各种内部资源，减少误解、纠纷，降低责任风险，准确实施检验的作用。

（1）合同评审的内容

完整的合同评审应至少包括：①有明确的客户要求；②对实验室的技术能力是否满足客户要求的评估；③检验样品的适检性和足够的样品信息；④检验方法的确认；⑤是否有分包或偏离及其处理的方式；⑥报告交付时间、方式及检测费用收取约定和样品处置方案和处理方式；⑦双方的责任、义务及异议的解决方式。

（2）合同评审的实施

合同评审是在合同签订前,为了确保质量要求规定得合理、明确并形成文件,且供方能实现,由供方所进行的系统的活动。合同评审是供方的职责,但可以与顾客联合进行,也可以根据需要在合同的不同阶段重复进行,它是实验室服务顾客的第一个环节,一般按照以下方面进行评审:

1)按照检测的具体情况实施分类评审

实验室的检测项目有的复杂,有的简单,有的技术要求高,有的技术要求一般,有的关系重大,有的影响一般等等,千差万别,实验室应区别不同情况进行评审,不能一概而论。

2)充分填写评审记录

对综合性大型项目、涉及大宗贸易的项目、影响重大的项目和首次开展的项目,要分析实验室自身是否有技术能力和充分资源承接,是否需要分包,也要记录下对方的意见,包括提出的异议或认同的意见,明确最终的一致意见。实验室要在双方达成一致的基础上开展检测/校准工作。

3)注意规避风险

对打包和需要分包的合同,实验室尤其需要考虑风险规避的问题,不能为了争取业务而大包大揽,应在尽量为顾客提供方便的同时保护自己,不能做的不要勉强而为。

4)合同体现顾客要求

实验室既要重视合同起草、评审和签订的细节问题,也要考虑通用的检测/校准合同格式,使顾客要求和意见在合同书上充分得以体现。对双方可能意见不一的问题设计选择项,在检测/校准实施前由顾客做出选择。

(3)合同评审中要特别关注的要点

1)充分确认合同评审人员能力

实验室应对评审人员的能力进行确认,保证其具有相当的理解和语言表达能力,充分理解客户要求及使客户了解实验室工作程序和流程;熟悉本实验室检验资质和检验能力;熟悉相关法律法规及样品的产品标准和方法标准,对客户要求能够依据法律法规和标准进行足够的解释;对检验结果具有一定的专业判断力;能妥善处理客户的申诉和投诉。

2)掌握好合适的评审时机

对于常规的委托检验,客户要求是实验室通过认证、认可的项目,且检验方法和检验条件都没有变化，业务受理人员按客户检验要求进行评审，并通过客户填写委托合同（协议书）的形式确认评审内容、明确检验项目、检测依据等内容，在双方签字盖章后生效。

对于由政府下达的指令性检验任务、监督检验、仲裁检验等重要的检验任务和一些有特殊检验要求的委托检验（如采用新标准方法或非定型方法的检验），实验室应及时开展小组评审。小组评审应由实验室的技术负责人组织相关领域专业技术人员对实验室的人员、设备、环境、检测要求等要素进行系统的评审，评价是否满足相关标准或技术规范，进一步明确抽样的人员、时间和范围、检验项目、检验依据、结果的判定及报告、总结的交付时间等。

3) 合同评审时应注意对客户和实验室本身的责任义务作出详细规定

如客户对提供样品真实性负责；实验室对出具检验数据准确可靠负责以及负责对客户资料的保密等，都应在委托检验合同（协议书）中清晰表述，方便在出现争议、纠纷时确定各自的责任。

4) 对于不能满足客户检验要求情况应及时向任务下达部门（机构）或客户作出书面报告。需产生分包或偏离时也应以书面形式提出，在得到认可或同意后开展检验，并在检验报告中对分包或偏离项目加以描述。

5) 保证检验人员及时理解客户要求

合同评审完成后，业务受理人员要及时下达检验任务，检验人员应充分理解合同（协议书）的内容和要求，按照约定时间完成检验。如发现表述不清或产生疑问应联系业务受理人员，业务受理人员也不能解释的应及时联系委托方进一步明确，对合同（协议书）进行补充。

6) 实验室在开展检验取得经济效益的同时，检验样品信息不准确（等级、规格等）、检验方法错误等因素都会影响结果判定和结论的准确性，给实验室造成不良的社会影响，甚至会承担法律责任。这就要求在合同评审时对各种风险进行严格的控制

5. 第一方实验室的合同评审如何实施

第一方实验室也需要做合同评审，第一方实验室内部客户填写的委托单，就是一份合同。

第一方合同评审应确保：

（1）对包括所用方法在内的要求应予充分规定，形成文件，并易于理解。

（2）实验室有能力和资源满足这些要求。

（3）选择适当的，能满足客户要求的检测和/或校准方法。

（4）客户的要求与合同之间的任何差异，应在工作开始之前得到解决。

（5）每项合同应得到实验室和客户双方的接受。

（6）合同的更改需要及时完整记录。

6. 合同的偏离

偏离都要通知客户并征得客户同意方可偏离。常见合同偏离包括：

（1）时间偏离，如：由于某种原因在合同规定时限内完成不了约定工作。

（2）方法偏离，如：原来合同规定的方法不适用，现在需改变方法完成约定工作。

（3）完成单位偏离，如：原来由实验室自己完成的约定工作，现在需分包。

第五节 检测和校准的分包

【标准条款】

4.5 检测和校准的分包

4.5.1 实验室由于未预料的原因（如工作量、需要更多专业技术或暂时不具备能力）或持续性的原因（如通过长期分包、代理或特殊协议）需将工作分包时，应分包给有能力的分包方，例如能够按照本准则开展工作的分包方。

4.5.2 实验室应将分包安排以书面形式通知客户，适当时应得到客户的准许，最好是书面的同意。

4.5.3 实验室应就分包方的工作对客户负责，由客户或法定管理机构指定的分包方除外。

4.5.4 实验室应保存检测和/或校准中使用的所有分包方的注册记录，并保存其工作符合本准则的证明记录。

【理解与实施】

1. 委托和分包的区别

委托是由被委托方单独出具结果报告，结果报告的数据和结果不纳入委托方的结果报告中（也就是说，出的是别人实验室的报告）。例如，在检验检测机构资质认定评审准则中，不允许自己没有经过认可的项目对外出具结果报告，实验室可采用外部委托的方式（不是分包）解决客户的需求。注意应委托给经过实验室资质认定的实验室。

分包是分包方的数据和结果会纳入发包方的结果报告中（也就是说，出的是自己实验室的报告）。分包是解决实验室能力不足，满足客户的一种方法，是国际上普遍采用的方法，可减少重复投资，达到资源共享的好方法。

2. 实验室分包

实验室因工作量大，以及关键人员、设备设施、技术能力等原因，需分包检验检测项目时，应分包给依法取得检验检测机构资质认定并有能力完成分包项目的实验室，并在检验检测报告或证书中标注分包情况，具体分包的检验检测项目应当事先取得委托人书面同意。为保证分包业务的有效性和结果质量，实验室应对外分包的检验检测项目实施有效的控制和管理。

分包分两种情况：

（1）实验室自己有能力的分包：

①实验室在认可时是有能力的，但是因为工作量突然增加，来不及完成任务，把超出能力范围（指工作量）的工作分包给有能力的实验室（经CNAS或检验检测机构资质认定的实验室），可以盖CNAS和CMA的章。

②实验室的仪器设备有能力，但因为仪器设备突发生故障，把这台仪器设备的能力分包给有能力的实验室（经CNAS或检验检测机构资质认定的实验室），可以盖CNAS和CMA的章。

③本来实验室的人是有能力的，突然这个人生病或其他原因，暂时失去能力，把这部分工作分包给有能力的实验室（经CNAS或检验检测机构资质认定的实验室），可以盖CNAS和CMA的章。

（2）实验室没有能力的分包，实验室没有经过检验检测机构资质认定或实验室认可的项目分包：

①分包给经过检验检测机构资质认定或实验室认可的实验室，可以盖CMA章或CNAS章；②分包给未经检验检测机构资质认定CMA或实验室认可CNAS的实验室，不能盖CMA章。

实验室认可分包，只要不是百分之百分包，仍可盖CNAS章，但必须在备注说该项目或参数不在认可范围。

（3）不管是有能力的分包，还是没有能力的分包，都应在结果报告中注明那些项目和参数是分包的，摘录分包方的数据和结果应得到分包方的同意。若将全部检验检测任务都分包给其他机构承担,属转包行为,不属分包行为。分包部分的技术能力不能计算在本实验室的技术能力之内,不能写入实验室最终通过资质认定考核的项目表中。

3. 分包的条件

实验室应当建立与分包相关的管理文件和管理制度,在检验检测业务洽谈、合同评审和合同签署过程中关注分包的情况,确实需要分包时,应当符合以下五个条件:

(1)实验室分包要有文件规定。

(2)实验室分包需事先通知客户并经客户同意。

(3)分包责任由发包方负责。

(4)实验室应对分包方进行评审,应有评审记录和合格分包方的名单。

(5)实验室应在结果报告中清晰注明分包。

具体分包的检验检测项目(包括承包实验室的情况)还应当事先取得委托人书面同意。如果分包行为无法事先预计,也应当在实际发生时征求委托人的同意。如果委托人不同意的,应当终止分包活动,追回相关检验检测报告或者不使用分包方提供的检验检测数据和结果。

4. 分包的责任归属

实验室对其出具的检验检测报告负责,如果该检验检测报告中涉及分包的项目出现争议问题或导致其他后果,发包的实验室仍然需对此负责。但发包的实验室可依据合同约定,另行追溯承包的实验室的责任。

(1)由顾客指定承包方,则顾客应对承包方的工作负主要责任,实验室可以对承包方的工作进行必要的符合性评价,并将评价结果以适当方式告知顾客,实验室应保存顾客指定承包方的证据。

(2)由法定管理机构指定承包方,则法定管理机构应对承包方的工作负主要责任,实验室可以对承包方的工作进行必要的符合性评价,并将评价结果以适当方式告知顾客,必要时向法定管理机构反映,实验室应保存法定管理机构指定承包方的证据。

(3)由实验室本身选择承包方,实验室应对承包方的工作负责。

(4)实验室是分包方的顾客,分包方理所当然应就其工作向实验室负责,实验室也应负连带责任。实验室在分包时应具有自我保护意识,规避风险。

5. 实验室对分包工作的控制

(1) 合格的承包方

实验室必须确保将任务分包给合格的承包方,一般应选择通过CNAS认可的机构,且分包项目在其认可的检测能力范围内,实验室应保存所有分包方的资料,并保存其工作符合标准要求的证明记录。

(2) 调查评估

实验室应对分包方进行必要的调查评估,评估重点应放在分包方项目的检测能力上,包括分包方用于该项目检测的环境、设备控制,检测人员对标准、方法的理解和仪器设备操作的正确性,分包方日处理样品的能力等。还应调查分包方是否与顾客存在利益冲突(包括潜在的),是否存在可能降低其公正性和诚信度的其他因素,是否存在泄露顾客机密信息或侵犯其专有权的可能等等。可以采用现场评估或问卷调查的方式进行。

(3) 分包项目的合同评审

需分包的项目,应进行专门评审:①是否有符合条件的承包方;②分包方是否具备检测技术能力;③资源保障和时效性上能否满足顾客要求;④分包方对分包项目的收费;⑤对分包方的评估结果。

(4) 必要的监督

实验室应对分包的项目具备审核能力,实验室应安排专业技术人员对分包结果报告进行审核。必要时还应对分包工作过程进行监督,如进入分包方的实验室观察分包的过程,包括设施环境、设备、分包工作的进度等,以保证分包工作按时完成并符合要求,一般不允许承包方将分包的检测工作再次分包。

6. 分包合同的签订

实验室有必要与承包方签订分包合同,以明确检测实验室与分包方之间的责任、权利和义务,用受法律保护的契约对分包活动进行约束。

(1) 签订分包合同应注意以下问题:

①签订合同的双方应是能够承担法律责任的实体,如承包方不能独立承担法律责任,应与其具备条件的母体签订合同;②签订合同应符合国家有关法律法规。

(2) 分包合同应包括以下条款:

①双方当事人的名称、住所及联系方式。

②对分包工作要求的详细说明:项目名称、检测依据、工作要求、完成时限、报

告的方式等。

③检测费或其计费方式。

④双方当事人的权利、义务:

——实验室应按照约定提供的工作条件(如样品、技术资料等),完成配合事项,接受检测结果并支付费用,保护分包方与分包活动有关的检测技术、信息专有权。

——分包方应按照约定的要求和时限完成分包的检测工作,出具结果报告,并对结果负责,同时对实验室提供的信息资料负有保密责任。

——其他的权利义务,如检测实验室必要时可派员进入承包方观察检测过程,对检测结果有异议时要求分包方复检等。

⑤履行期限、地点和方式。

⑥违约责任。

⑦解决争议的方法。

⑧其他必需的条款。

第六节　服务和供应品的采购

【标准条款】

4.6　服务和供应品的采购

4.6.1　实验室应有选择和购买对检测和/或校准质量有影响的服务和供应品的政策和程序。还应有与检测和校准有关的试剂和消耗材料的购买、接收和存储的程序。

4.6.2　实验室应确保所购买的、影响检测和/或校准质量的供应品、试剂和消耗材料,只有在经检查或以其他方式验证了符合有关检测和/或校准方法中规定的标准规范或要求之后才投入使用。所使用的服务和供应品应符合规定的要求。应保存所采取的符合性检查活动的记录。

4.6.3　影响实验室输出质量的物品的采购文件,应包含描述所购服务和供应品的资料。这些采购文件在发出之前,其技术内容应经过审查和批准。

　　注:该描述可包括型式、类别、等级、准确的标识、规格、图纸、检验说明,包括检测结果批准在内的其他技术资料、质量要求和进行这些工作所依据的管理体系标准。

4.6.4　实验室应对影响检测和校准质量的重要消耗品、供应品和服务的供应商进行评价,并保存这些评价的记录和获批准的供应商名单。

【理解与实施】

1. 服务和供应品分类

每个实验室根据自身需求，对需要控制的服务和供应品进行识别，并采取有效的控制措施。一般情况下，实验室至少采购三种类型的供应品和服务：

（1）易耗品或易变质物品

如培养基、标准物质、化学试剂、试剂盒和玻璃器皿。

通过符合性检查或验证控制采购的易耗品或易变质物品：

①对品名、规格、等级、生产日期、保质期、成分、包装、贮存、数量、合格证明等进行符合性检查或者实验验证；②对商品化的试剂盒，核查该试剂盒是否已经进行过技术评价，并有相应的信息或记录予以证明；③如果某一品牌的物品验收的不合格比例较高时，实验室应考虑更换该供应品的品牌。

（2）设备

①选择设备时应考虑满足检测或校准方法要求；②应单独保留主要设备的生产商记录；③对于设备性能不能持续满足要求或不能提供良好售后服务的生产商，实验室应考虑更换生产商。

（3）校准服务、标准物质和参考标准

①满足CNAS-CL06《测量结果的溯源性要求》；②检查是否有相应的校准能力，校准能力是否在能力范围的附表里面，检查校准企业的法律资质（营业执照、组织机构代码等），查过往客户的评价口碑等。

2. 供应商评价

供应商包括生产商和代理商，评价供应商最好是直接评价生产商，但有时只采购少量物品，不可能直接去找生产商，只能通过代理商采购，那就评价代理商。评价实验室的供应商注意以下几个方面内容：

（1）资质（能力）评价

①经产品认证的公司提供的产品；②经管理体系认证的公司提供的产品；③获生产许可证的公司提供的产品；④获出口许可证的公司提供的产品等。

（2）如果采购物品不在上述公司提供的产品内，可采用不同的评价方法

①以往业绩；②质量保证能力；③来自有关方面的信息，如其他著名的实验室也向这个公司采购；④满足法规要求，至少包含应采购已实施强制认证的产品，或有生产许可证的产品等。

(3) 保存合格供应商的资料,包括

①合格供应商一览表;②合格供应商评价记录;③证书复印件及范围、协议(合同)等。

另外一定不要忽视对评价供应商定期再评价(一般一年1次),以及对供应商的日常管理(供应品在使用过程中发现问题及时处理)。

3. 实验室如何选择供应商

合格供应商是实验室良好运作的一个重要保证,以合理的价格,适时、适量地获得符合要求的设备或消耗品,不能只凭购入后的严格检查。实验室要有一套完整的评价方式,在采购前对供方能否达到要求的能力进行评估。在重要供应品的供应商评选中,实验室应"货比三家",明确订立评价方式和评价标准,评价方式有时可采用记分或计票,评价标准包括商业信誉、价格和质量、技术能力等。

以下是可以考虑的评价标准:

(1) 相关经验的评估。

(2) 所采购产品的质量、价格、交货绩效。

(3) 供应商的服务、安装与支持能力。

(4) 供应商对于相关法令及法规要求的认知及符合性。

实验室可按照采购优先考虑的因素和产品技术指标,排出先后次序。相同功能和准确度的测量设备,应比较性能价格比、功能的可扩充性,进口设备还应考虑国内使用性、附件的可获得性。

有的消耗品质量直接影响到检测/校准质量,例如,用于清洗量块的汽油如果纯度不能达到要求,就会对量块表面质量造成伤害。由于消耗品是一次性的,除标准物质外大多价格不高,实验室容易忽视对消耗品供应商的评价。对消耗品供应商的评价和对测量设备供应商的评价应遵循同样的原则,供应商要提供消耗品的检测/检验报告。

4. 试剂的采购

试剂管理员根据检验项目、工作量和工作进度的需求,填写采购申请,经技术负责人审核,实验室主任(或其他相关人,实验室自己根据情况确定)批准后交采购部门进行采购,采购需从《合格供应商名录》中合格供应商处采购。

(1) 采购申请中需包含试剂名称、规格型号(如:500mL/瓶、4mL/瓶等)、试剂的级别(如:色谱纯、优级纯、分析纯等)、数量等。

（2）《合格供应商名录》需要定期评审，不合格的供应商及时剔除。

5. 试剂的验收

试剂的验收一般有两种：

（1）符合性验收

购置的试剂与计划是否相符，比如，石油醚有沸程30~60℃，也有60~90℃。

（2）技术验证

重要的对实验有影响的需做技术验证，比如，色谱用的氮气，纯度不够的话可能影响实验的进行，就需要做技术性验证，或者试用合格不合格。

试剂到货后，技术负责人负责组织检测室人员根据其性质和试验类型对试剂的标签、证书或其他证明文件的信息进行检查，对可用性进行评估，审查试剂是否符合相应标准、规范的要求，是否能够满足检测工作的需要。具体验收方法按照各个实验室自己制定的《试剂验收方法》，填写验收记录。实验室需编制具体的试剂验收方法作业指导书。验收记录必须有试剂的技术性验收资料，例如，石油醚实测的沸程，试验中使用是否对结果造成影响。

6. 试剂的储存

试剂验收合格后入库由试剂管理员统一管理，填写试剂台账。试剂管理员根据试剂的特点（考虑试剂毒性、对热、空气和光的稳定性等）配置相应的贮存设施进行储存。试剂管理员根据《设施和环境管理程序》对保存环境进行监测，以保证培养基和试剂不变质、不损坏、不降低性能。

（1）试剂台账主要内容

试剂名称、规格型号、生产批号、有效期 、生产厂家、入库数量、出库数量、库存等。

（2）存储设施加贴标识

易燃、腐蚀、剧毒等。

7. 试剂的使用

检测人员在使用新开封试剂时，应对其质量进行检查。任何物理性状明显改变、出现沉淀、变色等的试剂不得使用。检测人员严格按照检测方法要求使用或配制试剂，试剂配制时及时填写试剂配制记录，试剂配制人员要有签名，并填写"试剂标识"加贴在装试剂的容器上。质量监督员对试剂的使用过程进行监督检查，保证检测人员正确使用试剂。使用后的试剂，严格按照《实验室废弃物管理规定》执行,确保弃置试剂的安全性,不污染环境。

8. 实验室购买的试剂,不同的标签颜色代表的意义

化学试剂按含杂质的多少分为不同的级别,以适应不同的需要。为了在同种试剂的多种不同级别中迅速选用所需试剂,规定不同级别的试剂用不同颜色的标签印制。我国目前试剂的规格一般分为五个级别,级别序号越小,试剂纯度越高。

一级纯:用于精密分析和科研工作,又叫保证试剂。符号为$G \cdot R$,标签为绿色。

二级纯:用于分析实验和研究工作,又叫分析纯试剂。符号为$A \cdot R$,标签为红色。

三级纯:用于化学实验,又叫化学纯试剂。符号为$G \cdot P$,标签为蓝色。

四级纯:用于一般化学实验,又叫实验试剂。符号为$L \cdot R$,标签黄色。

工业纯:工业产品,也可用于一般的化学实验。符号$T \cdot P$。

近年来,标签的颜色对应试剂级别已不是十分准确。所以主要应以标签印示的级别和符号选用。同一种试剂,纯度不同其规格不同,价格相差很大。所以必须根据实验要求,选择适当规格的试剂,做到既保证实验效果,又防止浪费。

9. 实验室标准物质标识管理

标准物质和标准溶液标识管理是标准物质管理中较为烦琐的一个工作内容,也是易被检测人员忽视的内容。各实验室应依据自身的实际情况,制定适合自身管理要求的标准物质、标准溶液标识管理方式,以有效防止标准物质、标准溶液的误用,并确保检测结果的可溯源性。

(1)不应将标准物质编号、生产批号或生产日期作为实验室标准物质的管理编号。这是因为对实验室来说,标准物质编号、生产批号或生产日期均不具唯一性,如同一编号的标准物质有不同的生产批号,同样同一批号的标准物质又有不同的标准物质。

(2)为防止管理编号过于复杂,同时购入同一编号、批号的多份标准物质时,由于其处于相同的保存条件,因此可将其视为同一件标准物质,并使用同一管理编号。

(3)不同时间购入同一编号、批号的标准物质时,由于其保存条件可能有所不同,因此应将其视为不同的标准物质,并使用不同的管理编号。

(4)标准物质或标准溶液的管理编号必须同时标记于相应的证书或配制记录上,以确保其形成一一对应的关系,并方便日后需要时进行溯源。

（5）粘贴标识时不应覆盖标准物质标签（由生产者粘贴）或试剂标签的有效部位，以方便检测人员查阅并验证相关的信息。

（6）标准物质过期停用后，使用该标准物质所配制的标准贮存溶液或应用溶液也必须同时停用。

（7）对某一标准物质或标准溶液的量值是否准确产生怀疑时，建议直接将其从合格状态转换为停用状态，而不必再进行相应的确认试验。这是因为在实验室存放的标准物质数量一般均有限，做确认试验的成本往往会接近或超过重新购买或配制1份标准物质或标准溶液的成本，且实验室自身确认的结果其可靠性也不强。

（8）检测原始记录中标准物质的溯源信息必须注明标准物质或标准溶液的管理编号，以方便日后需要时进行溯源。

（9）标准物质、标准溶液标识应与标准物质、标准溶液标签相区别。前者需根据情况的变化及时变更有关内容（标识转换），而后者则可固定不变。

10. 实验室是否每份标准都需要制定作业指导书

作业指导书不是必须的。只有当缺少指导书可能影响检测和/或校准结果时，需要制定相应的作业指导书。对于一份标准来讲，如果标准能够完全彻底地被理解，不存在歧义，则可以不制定作业指导书，否则需要制定作业指导书。

11. 实验室试剂安全使用

实验室试剂的安全使用应该注意以下方面：

（1）用过的药剂避免污染不能倒回原试剂瓶中。

（2）取完药剂应随即盖好，不要乱放，以免张冠李戴。

（3）为安全起见，在使用化学试剂之前，首先对其安全性能——是否易燃易爆、是否有腐蚀性、是否有毒、是否有强氧化性等等，要有一个全面的了解。这样在使用时才能有针对性地采取一些安全防范措施，以免使用不当造成对实验人员及实验设备的危害。按照试剂的不同危害可以采取不同的措施：

1）易燃易爆化学试剂

一般将闪点在25℃以下化学试剂列入易燃化学试剂，它们多是极易挥发的液体，遇明火即可燃烧。闪点越低，越易燃烧。使用易燃化学试剂时绝不能使用明火，加热也不能直接用加热器，一般用水浴加热。使用易燃化学试剂的实验人员，要穿好必要的防护用具，最好戴上防护眼镜。

2）有毒化学试剂

一般化学试剂对人体都有毒害，在使用时一定要避免大量吸入。在使用完试剂后，要及时洗手、洗脸洗澡，更换工作服。对于一些吸入或食入少量即能中毒致死的化学试剂，如：氰化钾、氰化钠及其氰化物、三氧化二砷及某些砷化物、二氯化汞及某些汞盐、硫酸、二甲酯等，在使用时一定要了解这些试剂中毒时的急救处理方法，剧毒试剂一定要有专人保管，严格控制使用量。

3）腐蚀性化学试剂

任何化学试剂碰到皮肤、黏膜、眼、呼吸器官都要及时清理，特别是对皮肤、黏膜、眼睛、呼吸器官有极强腐蚀性的化学试剂，如：各种酸和碱、三氯化磷、溴、苯酚、天水肼等，在使用前一定要了解接触到这些腐蚀性化学试剂的急救处理方法。如：酸溅到皮肤上要用碱液清洗等。

4）强氧化性化学试剂

强氧化性化学试剂都是过氧化物或是含有强氧化能力的含氧酸及其盐。如：过氧化氢、硝酸钾、高氯酸及其盐、高锰酸钾及其盐、过氧化苯甲酸、五氧化二磷等。在适当的条件下可放出氧发生爆炸，并且与有机物、铝、锌粉、硫等易燃物形成爆炸性混合物。在使用时环境温度不高于30℃，通风要良好，不要与有机物或还原性物质共同使用（加热）。

5）遇水易燃试剂

这类化学试剂有钾、钠、锂、钙、电石等，遇水即可发生激烈反应，并放出大量热，也可燃烧。在使用时要避免与水直接接触，也不要与人体接触，以免灼伤皮肤。

6）放射性化学试剂

使用这类化学试剂时，一定要按放射性物质使用方法，采取保护措施。

其他类的危险化学试剂，无论常用不常用，在使用前一定要了解它的安全使用注意事项，方可使用。

化学试剂必须要求管理人员具备专业的、从事化学试剂管理的知识。包括常用试剂的性状、用途、一般安全要求、急救措施、报废试剂的处理及消防知识等。严加管理化学试剂才能确保实验的顺利进行，这是实验室安全的重要环节。

在化学实验过程中，由于操作不当或疏忽大意必然导致事故的发生。遇到事故发生时要有正确的态度、冷静的头脑，做到一不惊慌失措，二要及时正确处理，三按要求规范操作，尽量避免事故发生。例如浓硫酸稀释时，浓硫酸应沿着容器的内壁慢慢注入水中，边加边搅拌使热量均匀扩散。在做有毒气体的实验中，应尽量在通风橱中进行。不慎将苯酚沾到手上时，应立即用酒精擦洗，再用水冲洗等。

12. 实验室用水

（1）按照国家标准可以分为以下三类

①三级水；②二级水；③一级水。

具体技术指标如下：

指标	一级	二级	三级
pH范围（25℃）	—	—	5.0~7.5
电导率（25℃），mS/m≤	0.01	0.1	0.5
可氧化物质（以O计），mg/L＜	—	0.08	0.4
吸光度（254nm，25px光程）≤	0.001	0.01	—
蒸发残渣（105℃±2℃），mg/L≤	—	1	2
可溶性硅（以SiO_2计），mg/L＜	0.01	0.02	—

（2）按照制备方法可以分为以下四类

1）蒸馏水

实验室最常用的一种纯水，虽设备便宜，但极其耗能和费水且速度慢，应用会逐渐减少。蒸馏水能去除自来水内大部分的污染物，但挥发性的杂质无法去除，如二氧化碳、氨、二氧化硅以及一些有机物。新鲜的蒸馏水是无菌的，但储存后细菌易繁殖。此外，储存的容器也很讲究，若是非惰性的物质，离子和容器的塑形物质会析出造成二次污染。

2）去离子水

应用离子交换树脂去除水中的阴离子和阳离子，但水中仍然存在可溶性的有机物，可以污染离子交换柱从而降低其功效，去离子水存放后也容易引起细菌的繁殖。

3）反渗水

其生成的原理是水分子在压力的作用下，通过反渗透膜成为纯水，水中的杂质被反渗透膜截留排出。反渗水克服了蒸馏水和去离子水的许多缺点，利用反渗透技术可以有效地去除水中的溶解盐、胶体，细菌、病毒、细菌内毒素和大部分有机物等杂质，不同厂家生产的反渗透膜对反渗水的质量影响很大。

4）超纯水

其标准是水电阻率为18.2MΩcm。但超纯水在TOC、细菌、内毒素等指标方面并不相同，要根据实验的要求来确定，如细胞培养则对细菌和内毒素有要求；HPLC要求TOC低。

第七节　服务客户

【标准条款】

> 4.7　服务客户
>
> 4.7.1　在确保其他客户机密的前提下，实验室应在明确客户要求、监视实验室中与工作相关操作方面积极与客户或其代表合作。
>
> 注1：这种合作可包括：
>
> a）允许客户或其代表合理进入实验室的相关区域直接观察为其进行的检测和/或校准。
>
> b）客户出于验证目的所需的检测和/或校准物品的准备、包装和发送。
>
> 注2：客户非常重视与实验室保持技术方面的良好沟通并获得建议和指导，以及根据结果得出的意见和解释。实验室在整个工作过程中，应当与客户尤其是大宗业务的客户保持沟通。实验室应当将检测和/或校准过程中的任何延误或主要偏离通知客户。
>
> 4.7.2　实验室应向客户征求反馈，无论是正面的还是负面的。应使用和分析这些意见并以改进管理体系、检测和校准活动及客户服务。
>
> 注：反馈的类型示例包括：客户满意度调查、与客户一起评价检测或校准报告。

【理解与实施】

1. 客户进入实验室时，实验室应该注意什么

认可准则4.7条"服务客户"中指出："实验室应与客户或其代表合作，以明确客户的要求，并在确保其他客户机密的前提下，允许客户到实验室监视与其工作有关的操作。"明确了顾客的现场监督权。如果顾客要求实施检测/校准的现场监督，在确保其他顾客的机密不被其获得的情况下，应允许顾客进行现场监督。

在本次检测/校准的服务对象（顾客）进入实验室时，应注意既满足当前顾客的

要求，又能保证其他顾客的机密不被其获得。为此，实验室应合理布置，保护好其他顾客的物品、技术资料、检测/校准数据等。

外来人员进入实验室需经一定的批准手续，进入实验室应安排专人陪同，并在指定位置观察实验。

若仅对数据处理和计算进行质疑，则不必进入检测/校准场所。

2. 客户满意度

一般来说，客户满意度包括客户满意度调查、对满意度调查的反馈改进、改进结果的验证。

客户满意度调查一般包括以下内容：

（1）检测水平：包括检测能力、检测项目是否全面、检测数据准确性、人员技术水平。

（2）服务水平：包括服务态度、沟通能力、响应速度等。

（3）关联服务：包括检测价格、结算方式、人员公正性、检测周期等。

（4）后续服务：包括提供的意见解释、后续回访等。

（5）开放性调查：主要是客户的意见和建议。

做了满意度调查之后，一定要对客户的意见给出反馈，应使用和分析这些意见并做出改进，同时，验证改进的效果（客户满意度是否提高）。

3. 实验室哪些工作应通知客户

（1）在管理要求方面

①对合同的任何偏离；②分包安排（应书面通知客户，适当时得到客户的准许，最好是书面同意）；③检测和/或校准过程中的任何延误或主要偏离；④发现的不符合工作进行严重性评估并通知客户（必要时）；⑤在内部审核中，当发现的问题导致对运作的有效性，或对实验室检测和/或校准结果的正确性或有效性产生怀疑时，如果调查表明实验室的结果可能已受影响，应书面通知客户。

（2）在技术要求方面：

①实验室选用的方法应通知客户；②实验室使用非标准方法应征得客户的同意；③当发现客户建议的方法不适用或已过期，应通知客户。

第八节　投　诉

4.8　投诉

实验室应有政策和程序处理来自客户或其他方面的投诉。应保存所有投诉的记录以及实验室针对投诉所开展的调查和纠正措施的记录（见4.11）。

【理解与实施】

1. 投诉

投诉是任何机构或个人向某机构表达的，并希望得到答复的对该机构活动的不满。投诉有别于申诉。

投诉是客户对实验室工作不满意的反映。实验室应该辩证地看待投诉，投诉是获取客户反馈信息的一个重要渠道，投诉是克服内部盲目自满情绪、评价业绩和发现薄弱环节的镜子。通过处理投诉，实验室能更加接近客户，了解实际情况。投诉也为实验室提供创新的想法和建议，有助于持续改进。

2. 客户满意程度的测量方法

（1）直接调查客户对服务的总体满意度

可反映客户的感受和情感成分，但在理论上不够完备，并且要提高测量结果的有效性，需要较大的样本量。

（2）先测量客户对服务的某些属性的满意程度，然后将各个属性的得分值加权求和，得出总体满意度

困难在于难以确定服务的各个属性的权重。由于权重在计算总体满意值时起着关键作用，权重的微小变化会对满意值产生较大影响。由专家或客户来主观确定权重，很难保证满意度测量的准确性。

为获得客观结果，实验室选择的方法应既能满足需要，又要适当考虑样本。除此以外，在测量过程中还应注意测量样本和范围的确定、调查访谈的具体方式方法等。

3. 处理客户投诉应遵循的原则

（1）快速处理

如果投诉在服务过程中发生，需要快速恢复正常工作。

如果在服务后发生，应建立24小时或更短时间内的反应机制。

（2）承认错误但不设防

如果以设防的态度处理客户投诉，可能暗示实验室隐瞒了某些事实或不愿意充分调查的真相。

（3）从客户的角度了解问题

换位思考是了解客户不满意原因的唯一方法，要避免因自己的偏见随意下结论。

（4）不要和客户争论

试图找出彼此都可接受的方案，而并非要辩赢客户或证明客户是错误的。

（5）承认客户的感受

明确地表达"我能理解您为什么生气"，这样有助于建立信任关系，这是受伤后重建关系的第一步。

（6）对客户的疑惑做善意的解释

并非所有的投诉都是正当的，但在客户初步表达投诉时都应被视为有确实证据，直到有相反证据出现。

（7）阐明需要解决问题的步骤

当无法立即解决时，应通知客户处理的计划和步骤，说明将要采取的解决方案，明确客户何时可得到答复。

（8）告知客户进展的情况

不确定性会让人产生焦虑和紧张，如果知道发生了什么事并能定期收到进展报告，人们较易接受事实。

（9）考虑赔偿

当客户未得到应有的服务、承认严重不便或浪费时间和金钱时，提供赔偿或相等的服务可作为一种补偿。而事实上，客户所要求的大部分是道歉和将来类似问题不再发生的承诺。

（10）努力重获客户的信任

当客户已经失望时，要恢复他们的信心及维持将来的关系，这不仅需要安抚客户，而且要让客户相信已经采取行动以避免问题的再次发生。

第九节　不符合检测和（或）校准工作的控制

【标准条款】

4.9　不符合检测和/或校准工作的控制

4.9.1　实验室应有政策和程序,当检测和/或校准工作的任何方面,或该工作的结果不符合其程序或与客户达成一致的要求时,予以实施。该政策和程序应确保:

　　a)确定对不符合工作进行管理的责任和权力,规定当识别出不符合工作时所采取的措施(包括必要时暂停工作、扣发检测报告和校准证书);

　　b)对不符合工作的严重性进行评价;

　　c)立即进行纠正,同时对不符合工作的可接受性作出决定;

　　d)必要时,通知客户并取消工作;

　　e)规定批准恢复工作的职责。

　　注:对管理体系或检测和/或校准活动的不符合工作或问题的识别,可能发生在管理体系和技术运作的各个环节,例如客户投诉、质量控制、仪器校准、消耗材料的核查、对员工的考察或监督、检测报告和校准证书的核查、管理评审和内部或外部审核。

4.9.2　当评价表明不符合工作可能再度发生,或对实验室的运作与其政策和程序的符合性产生怀疑时,应立即执行4.11中规定的纠正措施程序。

【理解与实施】

1. 不符合项

实验室不符合项分级的依据为不符合项对实验室能力和管理体系运作的影响。不符合项分为严重不符合项和一般不符合项。

（1）严重不符合项

影响实验室诚信或显著影响技术能力、检测或校准结果准确性和可靠性,以及管理体系有效运作的不符合。

严重不符合项一般有如下情况:

——实验室提交的申请资料不真实,如未如实申报工作人员、检测或校准经历、设施或设备情况等;

——实验室提供的记录不真实或不能提供原始记录;

——实验室原始记录与报告不符,有篡改数据嫌疑;

——实验室不做试验直接出报告；

——实验室在能力验证活动中串通结果，提交的结果与原始记录不符，或不能提供结果的原始记录；

——人员能力不足以承担申请认可的检测或校准活动；

——实验室没有相应的关键设备或设施；

——实验室对检测或校准活动未实施有效的质量控制；

——实验室管理体系某些环节失效；

——实验室故意违反CNAS认可要求，如超范围使用认可标识，涉及的报告数量较大；

——实验室在申请和接受评审活动中存在不诚信行为；

——实验室发生重大变化不及时通知CNAS，如法人、组织机构、地址、关键技术人员等变动。

（2）一般不符合项

偶发的、独立的对检测或校准结果、质量管理体系有效运作没有严重影响的不符合项。

实验室中经常发现的一般不符合项：

——设备未按期校准；

——试剂或标准物质已过有效期；

——内审中发现的不符合项采取的纠正措施未经验证；

——检测或校准活动中某些环节操作不当；

——原始记录信息不完整，无法再现原有试验过程等。

如果一般不符合项反复发生，则可能上升为严重不符合项。

2. 实验室不符合项和观察项的区别

（1）不符合项

实验室的管理或技术活动不满足要求。这里"要求"指CNAS发布的认可要求文件的相关要求，以及实验室自身管理体系和相应检测或校准方法中规定的要求。

不符合项通常包括（但不限于）以下几种类型：

①缺乏必要的资源，如设备、人力、设施等；②未实施有效的质量控制程序；③测量溯源性不满足相关要求；④人员能力不足以胜任所承担的工作；⑤操作程序，包

括检测或校准的方法, 缺乏技术有效性; ⑥实验室管理体系文件不满足CNAS认可要求; ⑦实验室运作不满足其自身文件要求; ⑧实验室未定期接受监督评审、未缴纳费用等。

（2）观察项

对实验室运作的某个环节提出需关注或改进的建议。

观察项通常包括以下两种类型:

①实验室的某些规定或采取的措施可能导致相关的质量活动达不到预期效果, 但尚无证据表明不符合情况已发生; ②实验室管理体系的运作已产生疑问, 但由于客观原因无法进一步核实, 对是否构成不符合不能做出准确的判断。

3. 实验室不符合项和观察项的开具

（1）不符合项和观察项的判定依据

①管理体系文件的判定依据是认可规则、认可准则、认可准则在特殊领域的应用说明、专门要求等; ②管理体系运行过程、运行记录、人员操作的判定依据是质量管理体系文件（包括质量手册、程序文件、作业指导书等）、检测标准（方法）和/或校准规范（方法）等。

（2）不符合项的开具

①不符合项应事实确凿, 其描述应严格引用客观证据, 如具体的检测记录、检测报告、检测和/或校准的标准/方法及具体活动等, 在保证可追溯的前提下, 应尽可能简洁, 不加修饰, 明确指出不符合的内容。②对于多个同类型的不符合项, 评审组内部会议时, 应汇总成一个典型的不符合项。③对多场所实验室开具的不符合项报告应注意: 对各个场所实验室都有的相同的不符合项, 统一开一份不符合项, 并注明发现的场所。如果属于总部的问题, 不符合项应开在总部的管理机构。④严禁评审组对有确凿证据表明不符合事实的问题, 只与实验室做口头交流, 而不开不符合项报告。⑤对于涉及技术能力的不符合, 如涉及人员能力、设备、环境设施等, 而实验室又不能在短期内完成整改的项目/参数, 评审组应不予推荐/暂停认可/撤销认可。

（3）观察项的开具

①发生以下情况应开具观察项报告:

——被评审实验室的某些规定或采取的措施可能导致相关的质量活动达不到预期的效果, 尚无证据表明不符合情况已发生;

——评审组已产生疑问,但在现场评审期间由于客观原因无法进一步核实,对是否构成不符合不能做出准确的判断;

——现场评审中发现实验室的工作不符合相关法律法规(例如环境保护法、职业安全法等)要求时。

②评审组开具的观察项报告应将事实描述清楚,以便实验室进一步调查和落实。

③观察项的提出,是为了提请实验室注意,评审组应要求实验室进行关注,纳入其改进系统,必要时制定纠正措施或预防措施。

④对于观察项,评审组不一定要求实验室提供书面整改报告,但应要求实验室对观察项进行说明,随整改材料上报。

⑤在监督评审和复评审时,评审组应关注上次评审时开出的观察项。

4. CNAS对不符合项的处理

CNAS对初评,监督评审、复评审的不符合项处理方式不一样,对一般不符合和严重不符合的处理方式也不同。

(1)初评

1)对严重不符合项的处理措施

如果评审组发现严重不符合项时,评审组可根据评审总体发现做出以下推荐意见:

——现场跟踪验证;

——不推荐认可相关检测或校准项目;

——不推荐认可;

——如果评审中发现实验室存在诚信问题,评审组应于评审后立即将评审报告提交CNAS秘书处。

2)对一般不符合项的处理措施

实验室应在三个月内完成纠正与纠正措施。

(2)监督或复评审

1)对严重不符合项的处理措施

——限期实验室在一个月内完成纠正和纠正措施,并进行现场跟踪验证;

——暂停或撤销相关检测或校准项目;

——暂停或撤销认可资格;

——对暂停或撤销部分认可项目或认可资格的推荐意见,评审组应在评审后立即将此信息通报CNAS秘书处。

2)对一般不符合项的处理措施

对于一般不符合项,CNAS要求实验室在两个月内完成整改。如果实验室未在规定的期限内完成整改,评审组应在评审报告中说明此情况,可以建议暂停对该机构的认可或部分能力的认可,直至其完成纠正措施并验证有效性。

第十节　改　进

【标准条款】

4.10 改进
实验室应通过实施质量方针和质量目标,应用审核结果、数据分析、纠正措施和预防措施以及管理评审来持续改进管理体系的有效性。

【理解与实施】

改进

在GB/T 19000-2016(ISO 9000: 2015)《质量管理体系　基础和术语》中,改进定义为"提高绩效的活动",持续改进定义为"提高绩效的循环活动"。

改进不仅是改正或纠正,不是保持,停滞不前,改进的核心是"进",是完善,是发展,是创新,是能力的提升,是与时俱进更进一步,是提高效率和有效性的循环活动。

第十一节　纠正措施

【标准条款】

4.11 纠正措施

4.11.1 总则

实验室应制定政策和程序并规定相应的权力,以便在识别出不符合工作和对管理体系或技术运作中的政策和程序的偏离后实施纠正措施。

注:实验室管理体系或技术运作中的问题可以通过各种活动来识别,例如不符合工作的控制、内部或外部审核、管理评审、客户的反馈或员工的观察。

4.11.2 原因分析

纠正措施程序应从确定问题根本原因的调查开始。

注:原因分析是纠正措施程序中最关键有时也是最困难的部分。根本原因通常并不明显,因此需要仔细分析产生问题的所有潜在原因。潜在原因可包括:客户要求、样品、样品规格、方法和程序、员工的技能和培训、消耗品、设备及其校准。

4.11.3 纠正措施的选择和实施

需要采取纠正措施时,实验室应对潜在的各项纠正措施进行识别,并选择和实施最可能消除问题和防止问题再次发生的措施。

纠正措施应与问题的严重程度和风险大小相适应。

实验室应将纠正措施调查所要求的任何变更制定成文件并加以实施。

4.11.4 纠正措施的监控

实验室应对纠正措施的结果进行监控,以确保所采取的纠正措施是有效的。

4.11.5 附加审核

当对不符合或偏离的识别引起对实验室符合其政策和程序,或符合本准则产生怀疑时,实验室应尽快依据4.14条的规定对相关活动区域进行审核。

注:附加审核常在纠正措施实施后进行,以确定纠正措施的有效性。仅在识别出问题严重或对业务有危害时,才有必要进行附加审核。

【理解与实施】

1. 纠正和纠正措施的区别

纠正(correct)与纠正措施(correct action)是不同的。纠正是为消除已发现的不合格所采取的措施,纠正措施是为消除已发现的不合格的原因所采取的措施。

由此可以看出两者的区别在于:

(1)针对性不同

纠正针对的是不符合工作,只是"就事论事",而纠正措施针对的是产生不符合工作或其他不期望情况的原因,是"追本溯源"。

(2)时效性不同

纠正是"返修"、"返工"、"降级"或"调整",是对现有的不合格所进行的当机立断的补救措施,当即发生作用。而纠正措施是通过修订程序和改进体系等,从根本上消除问题根源，日后才能看到效果。

（3）目的不同

纠正是为了消除错误。例如，在审核报告/证书时发现填写有误，当即将错误之处改正过来，避免错误报告/证书流入顾客手中。而实施纠正措施的目的是为了防止已出现的不合格、缺陷或其他不希望的情况再次发生。例如，通过建立模版来固定报告/证书上的检测/校准项目，防止今后再出现项目遗漏的错误。

（4）效果不同

纠正是对不符合工作的消除，不涉及不合格工作的产生原因。错误有可能再犯，即纠正仅仅是"治标"。纠正措施可能导致文件、体系等方面的更改。切实有效的纠正措施由于从根本上消除了问题产生的根源，可以防止同类事件的再次发生，因此说纠正措施是"标本兼治"。

（5）触发条件不同

一般情况下，所有的不合格项都需要立即纠正。与此不同的是，并不是所有造成不合格项的工作都需要采取纠正措施。实验室需要采取纠正措施的四种情况是：审核发现的不符合、顾客投诉的不符合、反复出现的不符合以及后果严重的不符合。

2. 纠正措施原因分析

原因分析是纠正措施中最关键，也是最困难的部分。根本原因通常并不明显，因此需要仔细分析产生问题的所有潜在原因。

潜在原因可能包括：

——客户要求；

——样品规格；

——方法和程序；

——员工的技能和培训；

——消耗品；

——设备及其校准。

归结起来，有两种主要原因：

（1）是文件没有规定

文件没有规定，无法可依，责任在管理部门或领导，对标准理解不到位，或者没有意识到没有制定成文件的严重性。采取纠正就是制定相关文件，宣贯执行，跟踪验证执行情况，如果没有类似问题再发生，关闭不合格。如果仍有类似问题发生，则需重新分析原因,重新采取措施,直到没有类似问题再发生,关闭不符合。并举一反三,查有没有类似问题,如有类似问题,一并采取纠正措施。

(2)有文件没有执行

有文件没有执行,是有法不依,责任是执行人员的问题。要对相关人员进一步培训教育,并进行考核,考核合格后,跟踪验证有没有类似问题再发生,如果没有类似问题再发生,关闭不合格。如果仍有类似问题发生,则需重新分析原因,重新采取措施,直到没有类似问题再发生,关闭不符合。

3. 实验室实施附加审核的情况

(1)当不符合或偏离性质比较严重,导致对实验室是否符合其政策和程序产生怀疑时,甚至对实验室是否符合标准产生怀疑时,实验室应尽快对相关活动区域进行附加审核。

(2)由于实验室在制定方针、政策、程序时,未充分理解《认可准则》的要求,在对不符合或偏离进行鉴别时,可能导致对是否符合其政策和程序,或符合《认可准则》产生怀疑,此时也需要附加审核。

实验室应对纠正措施的结果进行监控,以确保所采取的纠正活动的有效性。附加审核常常在纠正措施实施后进行,以确定纠正措施的有效性。事实上,纠正措施在实施后并非都必须通过附加审核来确定其有效性,只有当出现问题的严重性已达一定程度或对检测/校准造成危害时,才有必要进行附加审核。

第十二节　预防措施

【标准条款】

4.12　预防措施

4.12.1　应识别潜在不符合的原因和所需的改进,无论是技术方面的还是相关管理体系方面。当识别出改进机会,或需采取预防措施时,应制定、执行和监控这些措施计划,以减少类似不符合情况发生的可能性并借机改进。

4.12.2　预防措施程序应包括措施的启动和控制,以确保其有效性。

注1:预防措施是事先主动识别改进机会的过程,而不是对已发现问题或投诉的反应。

注2:除对运作程序进行评审之外,预防措施还可能涉及数据分析,包括趋势和风险分析以及能力验证结果

【理解与实施】

1. 预防措施

（1）预防措施的种类

一般可以从两种情况来提出预防措施：

一类是别的实验室发生不符合，自己实验室还未发生，这时实验室提出预防措施，防止发生类似问题。

另一类是自己实验室通过5.9.1质量控制的五种方法得到的数据和结果，经过统计分析，可发现其发展趋势，当发现质量控制数据将要超出预先确定的判据时，应采取有计划的措施来纠正出现的问题，并防止报告错误的结果。

这两类预防措施实验室都可灵活运用。预防措施实验室随时随地可以提出，不一定要等到内审或者管理评审之后来提出预防措施。

（2）预防措施有效性的判定

预防措施有效性的判定就是跟踪它，看它有没有发生，没有发生说明预防措施有效，如果预防的问题发生了说明预防措施无效，应重新分析原因并采取措施，直到没有问题发生，关闭措施。

2. 纠正措施与预防措施的区别

（1）定义不同

纠正措施：消除已发现的不合格或其他不期望情况的原因所采取的措施；

预防措施：为消除潜在的不合格或其他潜在不期望情况的原因所采取的措施。

（2）目的不同

纠正措施：消除已发现的不合格的系统原因，防止不合格再度发生；

预防措施：揭示潜在的可能导致发生不合格的原因，防止发生不合格。

（3）不合格情况不同

纠正措施：已发生；

预防措施：已潜在但未发生。

（4）性质不同

纠正措施：在已发生不合格的被动情况下的积极反应（事后防范）；

预防措施：主动确定改进机会的过程（事前防范）。

（5）选择原则不同

纠正措施：应选择最能消除和防范问题再度发生的措施，选择的措施应与问题

的严重程度和风险大小相适应;

预防措施:选择措施应从改进技术运作和体系两方面入手,选择的措施应与潜在影响程度相适应。

第十三节　记录的控制

【标准条款】

4.13　记录的控制

4.13.1　总则

4.13.1.1　实验室应建立和保持识别、收集、索引、存取、存档、存放、维护和清理质量记录和技术记录的程序。质量记录应包括内部审核报告和管理评审报告以及纠正措施和预防措施的记录。

4.13.1.2　所有记录应清晰明了,并以便于存取的方式存放和保存在具有防止损坏、变质、丢失的适宜环境的设施中。应规定记录的保存期。

注:记录可存于任何媒体上,例如无硬拷贝或电子媒体。

4.13.1.3　所有记录应予安全保护和保密。

4.13.1.4　实验室应有程序来保护和备份以电子形式存储的记录,并防止未经授权的侵入或修改。

4.13.2　技术记录

4.13.2.1　实验室应将原始观察、导出资料和建立审核路径的充分信息的记录、校准记录、员工记录以及发出的每份检测报告或校准证书的副本按规定的时间保存。每项检测或校准的记录应包含充分的信息,以便在可能时识别不确定度的影响因素,并确保该检测或校准在尽可能接近原条件的情况下能够重复。记录应包括负责抽样的人员、每项检测和/或校准的操作人员和结果校核人员的标识。

注1:在某些领域,保留所有的原始观察记录也许是不可能或不实际的。

注2:技术记录是进行检测和/或校准所得数据(见5.4.7)和信息的累积,它们表明检测和/或校准是否达到了规定的质量或规定的过程参数。技术记录可包括表格、合同、工作单、工作手册、核查表、工作笔记、控制图、外部和内部的检测报告及校准证书、客户信函、文件和反馈。

4.13.2.2　观察结果、数据和计算应在产生的当时予以记录,并能按照特定任务分类识别。

4.13.2.3　当记录中出现错误时,每一错误应划改,不可擦涂掉,以免字迹模糊或消失,并将正确值填写在其旁边。对记录的所有改动应有改动人的签名或签名缩写。对电子存储的记录也应采取同等措施,以避免原始数据的丢失或改动。

【理解与实施】

1. 记录

（1）概念

记录是"阐明所取得的结果或提供所完成活动的证据的文件"，为可追溯性提供文件，并提供验证、预防措施和纠正措施的证据。

记录的特征表现为：

①没有控制版本，通常不需要批准发布；②清晰性，清晰地记录直接观察或读出的结果，用词、数据、单位等不会产生误会；③原始性，记录是实时的直接观察或读出的结果，直接记在原始记录上，不允许追记；④真实性，记录的内容必须是真实的结果和现象，不允许人为修改、修饰或变更；⑤完整性，记录足够的信息，以实现溯源，并在必要时在尽可能接近原条件下能够复原；⑥记录可存在于任何形式的载体上，如书面的或电子媒体；⑦记录应规定保存期限；⑧必须安全存放和保密。

（2）作用

记录的作用可归纳如下：

①质量记录是质量要求满足程度（或管理体系要素运行有效性）的客观证据的文件；②是校准/检测能力的客观依据；③是可追溯性的依据；④是分析不符合的原因、采取预防措施或纠正措施的依据；⑤是管理体系文件执行结果或完成活动的客观证据。

2. 实验室的质量记录和技术记录

记录不只是检测的原始记录，任务委托、合同评审、质量内审、管理评审、文件发放、会议签到等均属记录。

记录一般分为质量记录和技术记录两大类。

（1）质量记录

质量记录是指实验室质量管理体系活动中所产生的记录，包括内部审核报告和管理评审报告以及纠正措施和预防措施的记录。这是狭义的质量记录。广义的质量记录4.1—4.15形成的记录都是质量记录。

（2）技术记录

技术记录是进行检测所得的数据和信息的累积，也是检测是否达到规定的质量或过程所表明的信息。实验室应将原始观察、导出资料和建立审核路径的充分信息的记录、校准记录、员工记录以及发出的每份检测报告或校准证书的副本按规定的时间保存。这是狭义的技术记录。广义的技术记录5.1—5.10形成的记录都是技术记录。

技术记录的信息主要包括以下六方面的内容：

①被检/校物品的相关信息。例如，被校测量仪器的名称、型号规格、委托者及其地址、制造厂、出厂编号或设备编号等。②为复现检测/校准条件所需的信息。包括检测/校准依据、环境条件（如温度、湿度、大气压）、检测/校准所用测量设备的名称、型号规格、编号、示值误差/准确度等级可能影响检测/校准结果的信息。校准的原始记录，还可包括所用主标准器的证书编号或有效期。③检测/校准数据和结果。包括原始观测数据、计算过程中用到的所有修正值、量值以及他们的来源（必要时）、计算结果、图表等。心算的数据通常不能直接记录在原始记录上，自动化设备如果其输出信息不足以满足完整信息的要求，打印输出的字条应直接粘贴在原始记录纸上（有图谱输出的要保留图谱）。④参与人员的签名，包括检测/校准人员、核验人员，还包括抽样人员。⑤检测/校准的时间和地点。检测/校准操作具体是何年何月何日，经过连续多日试验才得到检测/校准结果的，应能看出哪一个项目是什么时候进行的，有时间段的表示。对在户外或顾客单位进行检测/校准的，必须给出检测/校准的具体场所，如房号，以便日后追溯。⑥有关标识和标志。包括记录标识、记录编号、记录的总页数和每页的页码编号等。

3.记录的编制要求

（1）记录的充分性和有效性

记录应尽可能全面地反映产品形成过程和结果以及质量管理体系的运行状态和效果，为质量管理和质量保证工作提供必要的信息。原则是"做有痕、追有踪、查有据"，体现客观、规范、准确及时的精神原则。

在编制记录时，既要从总体上评价记录的充分性，也要对每一记录的必要性进行评审，确保全面、有效地记录质量信息。

（2）记录应标准化

记录应做到格式统一，便于填制，便于统计和分析，同时也为进一步使用计算机进行信息管理打下基础。记录的填写必须规范、正确、清楚，以满足证实与质量改进的需要。

（3）记录的实用性

在确定每一记录的内容时，应考虑记录的实用性，归档和保存要符合规定要求，保证记录、检索方便。信息共享对一些不能为质量管理和质量保证提供依据的信息,不要体现在记录中。

(4)记录的真实性和准确性

记录只有真实准确的记载信息,才能为开展质量管理和质量保证提供科学的依据。记录的失真、失实、模糊不清都将失去使用价值,甚至会造成产品质量失控和领导决策的失误。为此,在确定记录的格式和内容时,应考虑填写的方便性并保证在现有条件下能准确地获取所需质量信息。在填写记录时,应严肃认真,实事求是,能再现检测过程,必要时可对有关人员进行培训。

(5)记录应利于管理

不论使用何种载体记录质量信息,都应易于贮存、查阅、分析和控制。应对记录的标识作出明确规定,必要时,应制定记录的管理程序。

4. 一份完整合格的原始记录表应包含的信息

CNAS要求:记录应确保在尽可能接近条件的情况下能够重复检测或校准活动,这是一个总的要求。那么要满足这一要求,记录至少要满足如下要求:

①样品描述;②样品唯一性标识;③所用的检测或校准方法;④环境条件(适用时);⑤所用设备和标准物质的信息;⑥检测或校准过程中的原始观察记录以及根据观察结果所进行的计算;⑦从事相关工作人员的标识;⑧检测报告或校准证书的副本;⑨其他重要信息。

5. 一般质量监督记录包含的内容

一般质量监督记录包含以下几个方面内容:

(1)共性的内容包括:监督项目、检测/校准或检查依据、受监督人员、监督人员、监督人员签名、监督日期等。

(2)监督内容:①人员资格及资格保持情况;②熟悉作业指导书及执行情况;③检验规程/校准规范的符合性;④设备操作情况。

(3)环境、设施的符合性。

(4)样品标识情况。

(5)样品制备及试剂和消耗性材料的配置情况。

(6)抽样计划及执行情况。

(7)原始记录及数据的核查情况。

(8)数据处理及判定。

(9)不可确定度评审情况。

（10）结果报告的出具情况。

（11）监督结论。

（12）不符合的现场纠正。

（13）不符合工作后续采取纠正措施，完成时间。

6. 检测分析记录中常见的不足

（1）不记起始与终止值，仅记间隔值，失掉了观测的原始性，如滴定用量体积、烘干或培养时间等。

（2）记录的次数不够，不足以证明达到要求。称量恒重等，至少应有两个以上读数，以证明在规定要求范围内。

（3）记录格式不规范，未设计必要的表格，被称为"万能"记录表，常常会丢失必要的信息。

（4）记录更改不规范，只是用笔重新使劲描写，看不出原来的数据。

（5）记录的信息量不全，如稀释的过程相关信息没有记录下来等。

（6）记录的有效数字不规范，没有按照方法的要求去做。

7. 原始记录、原始记录的表格如何管理

原始记录的表格按照文件来管理。表格（用于记录管理体系所要求的数据的文件）是文件，表格填入数据和结果后就成为记录，记录按记录要求（充分性、原始性、规范性）进行控制。

实验室无论何种原因未保存原始记录或原始记录与出具的检测报告或校准证书中的结果不一致，将导致不予认可或撤销认可资格。

在认可评审过程中，无论何种原因，实验室不能提供检测或校准原始记录，无论是检测报告还是校准证书中的全部项目或部分项目，都将导致不予认可或撤销认可资格。

8. 报告、原始记录的签字

（1）原始记录的签字

一般实验室的原始记录上有的签字为：检测/校准人、校核人、审核人。

原始记录真正只需两个人（两级）签字：操作人员和结果校核人员。

依据：ISO/IEC 17025 4.13.2.1实验室记录应包括负责抽样的人员、每项检测和/或校准的操作人员和结果校核人员的标识。

注意：操作人员一定要出现在原始记录上，这个是毫无疑问的。校核人员是指现场一起做试验的人员，这个也绝对不能去掉（条款有规定，实际也不能去掉）。审核人员可以保留（做三级签字），也可以去掉，但是操作人员和结果校核人员绝对不能少。

（2）报告、证书的签字

一般实验室的报告证书上的签字为：编制人、审核人、批准人。

报告、证书上的签字真正需要两个人（两级）签字：检测和校准人员、批准人。

依据：《检验检测机构资质认定评审准则》（4.5.23 j）检验检测报告或证书批准人的姓名、职务、签字或等效的标识；ISO/IEC 17025 10.2检测报告和校准证书除非实验室有充分的理由，否则每份检测报告或校准证书应至少包括下列信息：检测报告或校准证书批准人的姓名、职务、签字或等效的标识。

注意：报告的批准人一定不可少，一般为授权签字人批准。报告的编制人有时不一定是检测/校准人，当然有的实验室规定编制人必须是检测/校准人。审核人不一定是必须的，可以去掉，但是如果一定要加进来，报告做三级审核，也是没有问题的，但是检测和校准人员、批准人必不可少。

9. 实验室原始记录的修改

原始记录是个非常严肃的事情，对它的修改要特别注意，不要犯错：

（1）原始记录不能改原始数据和结果，要改也只能另外做检测，获取现在的数据和结果，另外出具数据和结果。

（2）原始记录可以更改的情况：只是计算方法有错，只是改计算方法、计算数据或计算公式，不改变原有的数据和结果。

（3）原始记录只能当时改，不能隔夜改。因为当时得到的数据和结果，隔天去改得不到当时相同的数据和结果。

（4）只能检测当事人员改，不能别人改。因为其他人不了解当时情况。

10. 实验室的电子签名

根据《中华人民共和国电子签名法》第十三条规定：电子签名同时符合下列条件的，视为可靠的电子签名：

（1）电子签名制作数据用于电子签名时，属于电子签名人专有。

（2）签署时电子签名制作数据仅由电子签名人控制。

（3）签署后对电子签名的任何改动能够被发现。

（4）签署后对数据电文内容和形式的任何改动能够被发现。

11. 电子版原始记录如何控制

（1）有两种情况

①用自动化设备自动采集数据和计算结果的,应在使用前确认能否使用,并做好确认记录,隔一段时间再次确认是否继续保持有效;②用人工采集数据后输入电脑,应由一起做检测的人员核查其正确性,并签名。

不管哪一种情况都需要保证数据和结果的完整性和保密性,并有程序文件予以控制。

(2) 要特别注意以下两点

①实验室要有"程序"来保护和备份以电子形式存储的记录和文件,并防止未经授权的侵入或修改;②实验室应对进入电子文档的员工设置密码和权限,保证数据和结果完整性和安全性。

12. CNAS对实验室无纸化管理的要求

实验室现在发展的一个趋势是无纸管理。CNAS鼓励无纸管理。CNAS-CL01提到电子记录和文件有如下几个地方:

——4.3.3.4 应制定程序来描述如何更改和控制保存在计算机系统中的文件。

——4.13.1.2 所有记录应清晰明了,并以便于存取的方式存放和保存在具有防止损坏、变质、丢失的适宜环境的设施中。应规定记录的保存期。

注: 记录可存于任何媒体上,例如,硬拷贝或电子媒体。

——4.13.1.4 实验室应有程序来保护和备份以电子形式存储的记录,并防止未经授权的侵入或修改。

——5.4.7.2 当利用计算机或自动设备对检测或校准数据进行采集、处理、记录、报告、存储或检索时,实验室应确保:

a) 由使用者开发的计算机软件应被制定成足够详细的文件,并对其适用性进行适当确认;

b) 建立并实施数据保护的程序。这些程序应包括 (但不限于):数据输入或采集、数据存储、数据转移和数据处理的完整性和保密性;

c) 维护计算机和自动设备以确保其功能正常,并提供保护检测和校准数据完整性所必需的环境和运行条件。

——5.10.6 从分包方获得的检测和校准结果

当检测报告包含了由分包方所出具的检测结果时,这些结果应予清晰标明。分包方应以书面或电子方式报告结果。

——5.10.7 结果的电子传送

当用电话、电传、传真或其他电子或电磁方式传送检测或校准结果时，应满足本准则的要求（见5.4.7）。

——新发布的CNAS-CL52 4.13.1.4中实验室使用信息管理系统（LIMS）时，应确保该系统满足所有相关要求，包括审核路径、数据安全和完整性等。实验室应对LIMS与相关认可要求的符合性和适宜性进行完整的确认，并保留确认记录；对LIMS的改进和维护应确保可以获得先前产生的记录。

13. 实验室信息管理系统（LIMS）

实验室信息管理系统（LIMS），LIMS是英文单词Laboratory Information Management System的缩写。它是由计算机硬件和应用软件组成，能够完成实验室数据和信息的收集、分析、报告和管理。LIMS基于计算机局域网，专门针对一个实验室的整体环境而设计，是一个包括了信号采集设备、数据通讯软件、数据库管理软件在内的高效集成系统。以实验室为中心，将实验室的业务流程、环境、人员、仪器设备、标物标液、化学试剂、标准方法、图书资料、文件记录、科研管理、项目管理、客户管理等等因素有机结合。

第十四节　内部审核

【标准条款】

4.14　内部审核

4.14.1　实验室应根据预定的日程表和程序，定期地对其活动进行内部审核，以验证其运作持续符合管理体系和本准则的要求。内部审核计划应涉及管理体系的全部要素，包括检测和/或校准活动。质量主管负责按照日程表的要求和管理层的需要策划和组织内部审核。审核应由经过培训和具备资格的人员来执行，只要资源允许，审核人员应独立于被审核的活动。

注：内部审核的周期通常应当为一年。

4.14.2　当审核中发现的问题导致对运作的有效性，或对实验室检测和/或校准结果的正确性或有效性产生怀疑时，实验室应及时采取纠正措施。如果调查表明实验室的结果可能已受影响，应书面通知客户。

4.14.3　审核活动的领域、审核发现的情况和因此采取的纠正措施，应予以记录。

4.14.4　跟踪审核活动应验证和记录纠正措施的实施情况及有效性。

【理解与实施】

1. 实验室审核的类型

按照审核主体不同,实验室审核可分为第一方、第二方和第三方审核。

(1)第一方审核就是内部审核,由一个组织的成员或其他人员以组织名义进行的审核,其输出通常作为管理审核和纠正、预防措施的输入,也可作为组织自我合格声明的基础。在许多情况下,尤其在小型组织内,可以由与受审核活动无责任关系的人员进行,以证实独立性。

(2)第二方审核指客户对供应商的审核或者实验室对分包方、供应商的审核,是组织为了选择和评价合适的利益合作方,在合同签订前或依合同要求,由该组织的人员或由其他人员以该组织的名义对合作方进行的审核。

(3)第三方审核指外部机构(如CNAS等)对实验室、对客户、对分包方的审核。即由独立于被审核方且不受其经济利益制约的第三方机构依据特定的审核准则,按规定的程序和方法对受审核方进行的审核。

2. 内审和外审的区别

内审和外审的区别主要体现在:

(1)目的不同

内审从改善内部管理出发,通过对发现的问题采取相应纠正措施、预防措施,推动质量改进;外审是通过对实验室管理体系和技术能力的评价,为客户承认或第三方认可/注册提供依据。

(2)审核组的组成不同

内审以实验室的名义组成审核组,由实验室最高管理者或质量主管聘任有资格的人员和有关人员实施;外审则由客户或第三方委派审核组(实验室认可的现场评审,由CNAS确认的有资格的人员实施)。

(3)审核计划不同

内审可编制集中式或滚动式计划,一年覆盖全部要素(过程)、场所、活动和所有部门;外审则编制短期内(时间长短取决于审核范围)评审所有要素(过程)、场所、活动和相关部门的现场评审计划。

(4)审核员对纠正措施的处置不同

内审对纠正措施可以提建议或方向性意见供参考,内审员对完成情况需跟踪验证;外审对纠正措施不能提建议,对整改计划及落实情况要经外审组长认可,并进行跟踪验证。

跟踪验证有现场跟踪验证和文件评审两种方式。内审一般采用现场跟踪验证，外审一般通过提供必要的文件或记录进行验证。

在实验室认可活动中，在以下情况下外审需现场跟踪验证：

①涉及影响检测/校准结果的有效性和影响合格评定机构诚信度的不符合项；②涉及环境设施不符合要求，并在短期内能够得到纠正的；③涉及仪器设备故障、欠缺，并在短期内能够得到纠正的；④涉及人员能力，并在短期内能够得到纠正的；⑤对整改材料仅进行书面审查不能确认其整改是否有效的。

3. 内部审核、管理评审、质量监督的关系

内部审核、管理评审、质量监督的关系

	内部审核	管理评审	质量监督
目的	确保管理体系的符合性和有效性	确保管理体系的持续适宜性、充分性、有效性（包括对质量方针和目标的评审）	确保人员具备能力（初始能力、持续能力）
依据	管理体系文件（质量手册、程序文件等）	受益者（管理者、员工、供方、分包方、客户、社会）的期望	检测标准、校准规范、检测/校准方法
结果	对不符合项采取纠正和改进措施，使管理体系有效运行	持续改进管理体系和产品（数据和结果）质量；必要时修改管理体系文件，提高管理水平	提高人员素质和技术能力，确保检测/校准数据和结果正确可靠
组织者	质量负责人（质量主管/管理者代表）	最高管理者	技术管理者
执行者	评审组长（经过培训，考核合格，经授权并尽可能独立于受审核部门的内审员）	最高管理层、中层以上管理人员	监督员（了解检测/校准目的，熟悉检测/校准方法和任务，懂得结果评价的人员）
频次	每年至少一次或多次	12个月至少一次	持续的或一定频次的
形式	集中、滚动、附加等	会议、文件传递等	目击
关系	管理评审的输入之一	管理评审的输出可以作为内审的输入	管理评审的输入之一

4. 内审的要点

(1)内部审核的目的

①实验室或检查机构应当对其活动进行内部审核,以验证其运行持续符合管理体系的要求;②审核应当检查管理体系是否满足认可准则或其他相关准则文件的要求,即符合性检查;③审核也应当检查组织的质量手册及相关文件中的各项要求是否在工作中得到全面的贯彻;④内部审核中发现的不符合项可以为组织管理体系的改进提供有价值的信息,因此应当将这些不符合项作为管理评审的输入。

(2)内审的性质

质量管理工作大检查。

(3)内审的时机和频次

一般一年两次,至少一次;外审前应安排一次;出现严重不符合、重大质量事故、客户重大投诉时应追加审核。

(4)内审的依据

认可准则。

管理体系文件。

国家法律法规、行政管理文件。

合同、协议等。

(5)内审的范围

全要素、全部门、全区域。可分次进行,每年覆盖一遍。

(6)内审的职责

质量主管负责策划和组织实施。

评审组长负责制订审核计划。

内审员具体执行审核计划。

(7)内审的结果

发现不符合并出具不符合报告。

形成审核报告。

留下审核过程和情况的记录。

提出纠正措施并跟踪验证纠正措施的实施情况。

(8)内审的步骤

审核准备→审核实施→编制审核报告→制定和实施纠正措施→跟踪验证

5. 内部审核的策划

（1）由质量负责人制订审核计划。计划包括：审核范围、审核准则、审核日程安排、参考文件（如质量手册、审核程序等）和审核组成员的名单。

（2）向每一位内审员明确分配需要审核的要素和要审核的部门。内审员要具备与被审核部门相关的技术知识。

（3）准备好相应的文件、记录、报告等，方便现场审核。准备好准则文件、质量手册、程序文件、内审核查表、前次审核不符合项记录表、前次审核纠正措施记录表（表格中应记录不符合的性质、约定的纠正措施，以及纠正措施有效实施的确认信息）。

（4）审核的时间安排由每一位审核员与受审核方一起协商确定，方便内审顺利、系统地进行。

（5）审核开始前，审核员应当评审文件、手册及前次审核的报告和记录，以检查与管理体系要求的符合性，并根据需审核的关键问题制定核查表。

6. 内审核查表的制定

制定内审检查表是内审的一个关键环节，内审检查表的制定要综合考虑准则条款、实验室的运作情况、实验室的特点、上次内审的情况、实验室过去存在的问题、实验室发生的变化等多方面内容。

内审检查表应包含的内容，主要包括三个方面：

（1）审核内容和要求（对应准则条款）。

（2）审核方法（包括到哪里查，查什么，采用什么方法查，如：面谈、调阅文件和记录、观察、安排现场试验等）。

（3）审核记录（包括符合和不符合都应填写）。

给出合同评审条款的内审检查表实例供参考：

×××内部审核检查表

文件号：******

条 款	审核内容和要求	审核方法	审核记录
4.4 要求、标书和合同的审核			
4.4.1	校准实验室是否建立和保持审核客户要求、标书和合同的程序。这些为签订检测合同而进行审核的是否能确保：	1. 查阅管理部门是否有《合同评审程序》。程序是否是现行有效版本；	1. 有QP-4.4《合同评审程序》而且是现行有效版本（A版）。

续表

4.4.1	a) 对包括所用程序方法在内的要求应予充分规定, 形成文件, 并易于理解; b) 校准实验室有能力和资源满足这些要求; c) 选择适当的, 能满足客户要求的检测和/或校准方法; 客户的要求或标书与合同之间的任何差异, 是否在工作开始之前得到解决。每项合同是否得到校准实验室和客户双方的接受。	2. 询问业务受理员, 了解检测合同签订的过程。 3. 查8~10份合同, 内容是否包含a)、b)、c) 三项要求, 双方是否签字确认。	2. 业务员回答合同评审过程符合文件规定。 3. 合同内容包含a)、b)、c) 三项要求, 双方签字确认 (有×××、××签字)。
4.4.2	校准实验室是否保存包括任何重大变化在内的审核记录。在执行合同期间, 就客户的要求或工作结果与客户进行讨论的有关记录, 也应予以保存。	1. 询问业务受理员, 合同签订后, 是否有重大变化发生, 如何处理。 2. 抽查3~5份特殊合同评审记录, 与委托方讨论和评审材料是否齐全。	1. 业务人员回答正确, 有重大变化并有记录 (R13—16)。 2. 抽查5份特殊合同评审资料齐全 (P11—15)。
4.4.3	审核的内容是否包括被校准实验室分包出去的任何工作。	查实验室分包项目目录, 目录中抽2~3个项目的合同各3份, 看合同中是否包含了分包的内容。	查3份分包合同, 有评审记录 (P11—13)。
4.4.4	对合同的任何偏离是否通知了客户。	1. 询问业务受理员, 合同执行过程中是否有重大偏离发生。 2. 查有无偏离是否通知客户。	查3份偏离合同 (R-04-06) 都通知了客户并经客户同意。
4.4.5	工作开始后如果需要修改合同, 应重复进行同样的合同审核过程, 并将所有修改内容通知所有受到影响的人员。	1. 抽查5份合同, 检查内容修改后是否有评审记录。 2. 询问业务受理员, 检验工作开始后是否有合同需要修改的情况发生, 修改后的内容是否通知所有受影响的人员。	1. 查编号为Y—11等5份合同, 内容修改后通知了相关部门和相关人员。 2. 其中有Y—13的合同偏离未通知相关人员。

陪同人： 内审员： 审核日期：

7. 内部审核如何实施

在实施内审的过程中, 注意以下几个方面:

(1) 审核的一些关键步骤, 包括: 策划、调查、分析、报告、后续的纠正措施及关闭。

(2) 首次会议内容: 介绍审核组成员, 确认审核准则, 明确审核范围, 说明审核程序, 解释相关细节, 确定时间安排, 包括具体时间或日期, 明确末次会议参会人员。

(3) 收集客观证据需要的调查过程、涉及的提问、需要观察的活动、检查哪些设施、调查记录。审核员重点检查实验室实际活动与管理体系的符合性。

(4) 审核员将管理体系文件 (包括质量手册、体系程序、测试方法、作业指导书等) 作为参考, 将实际的活动与这些质量管理体系文件的规定进行比较。

(5) 整个审核过程中, 审核员始终要搜集是否满足体系要求的客观证据。收集的证据应当尽可能高效率、客观有效, 不存在偏见, 不困扰受审核方。

(6) 审核员应当注明不符合项, 并对其进行深入的调查以发现潜在的问题。

(7) 所有审核发现都应当予以记录, 不管正面的还是负面的。

(8) 审核完所有的活动后, 审核组应当认真评价和分析所有审核发现, 确定哪些应报告为不符合项, 哪些只作为改进建议。

(9) 审核组应当依据客观的审核证据编写清晰、简明的不符合项报告和改进建议的报告。

(10) 应当以审核所依据的质量手册和相关文件的特定要求来确定不符合项 (不符合项最好开到实验室自己的质量手册、程序文件等文件上)。

(11) 审核组应当与高层管理者和被审核的部门的负责人召开末次会议。会议的主要目的是报告审核发现, 报告方式需确保最高管理者清楚地了解审核结果。

(12) 审核组长应当报告观察记录, 并考虑其重要性, 机构运作中好坏两方面的内容均应报告。

(13) 审核组长应当就质量管理体系与审核准则的符合性, 以及实际运作与管理体系的符合性报告审核组的结论。

(14) 应当记录审核中确定的不符合项、适宜的纠正措施, 以及与受审核方商定的纠正措施完成时间。

(15) 应当保存末次会议的记录。

8. 内部评审报告

内审完成后一个重要的工作是要填写内审报告,内审报告的内容要符合CNAS的要求,一份完整的内审报告需注意以下几个方面:

(1)即使内审没有发现不符合项,也应当保留完整的审核记录。

(2)应当记录已确定的每一个不符合项,详细记录其性质、可能产生的原因、需采取的纠正措施和适当的不符合项关闭时间。

(3)内审报告应当总结审核结果,一般包括以下内容:

——审核组成员的名单;

——审核日期;

——审核区域;

——被检查的所有区域的详细情况;

——机构运作中值得肯定的或好的方面;

——确定的不符合项及其对应的相关文件条款;

——改进建议;

——商定的纠正措施及其完成时间,以及负责实施纠正措施的人员;

——采取的纠正措施;

——确认完成纠正措施的日期;

——质量负责人确认完成纠正措施的签名。

(4)所有审核记录应按规定(实验室内部审核程序规定的时间)的时间保存。

(5)质量负责人要将审核报告(包括不符合项),提交组织的最高管理者。

(6)质量负责人要对内部审核的结果、内审采取的纠正措施的趋势进行分析,并形成报告,在管理评审会议时提交最高管理层。

9. 质量主管在审核活动中的作用

在审核活动中,质量主管的作用主要体现在:

(1)确保实验室质量管理体系在日常运行的基础上得到执行。

(2)负责计划和组织内部审核,确保针对所发现的不符合项采取的纠正措施得到及时和有效的实施。

(3)在小型实验室,内部审核通常由质量主管执行。质量主管可以将审核工作委派给其他人员,但需确保所委派的人员熟悉质量管理体系和认可要求。对于在广泛的技术领域从事检测/校准工作的规模较大的组织,审核可能需由质量主管领导下的一组人员来实施。

（4）在提名实验室外部人员承担内审工作时,质量主管负责确保所选择的人员在审核技巧方面接受培训,对《认可准则》《质量手册》和相关程序要求十分熟悉。

（5）当实验室有资格进行现场检测/校准、抽样时,质量主管应确保在内审计划中包括这些活动。

（6）质量主管应当确保将审核报告（适当时,包括不符合项）提交给最高管理者。质量主管应当对内部审核的结果和采取的纠正措施的趋势进行分析,并形成报告,在下次管理评审会议时提交最高管理层。

最高管理者应当指定另外的人员审核质量主管的工作,以确保其质量职责如期履行。

10. 内审员应满足的条件

内审是维持质量管理体系自我完善机制的关键环节,是一项专业性很强的活动,对实验室体系的持续正常运行起到重要作用。内审员是内审工作的具体承担人员,应接受专门培训、经考试合格并获得实验室负责人授权。

（1）内审员应接受过审核内容、审核技巧和审核过程方面的专门培训

培训内容除了审核基础知识,还应包括体系标准和质量管理体系。对认可的实验室,内审员必须掌握认可政策和体系文件。内审员的审核活动应向质量主管报告并受其监督。内审员的培训内容应符合CNAS内审员培训教程的要求,培训时间不少于20学时。经培训后应具备内审的能力。当认可政策/准则发生变化时,应接受再培训。

（2）内审员应经考核/鉴定合格

内审员经培训后要对其进行考核,实验室应有内审员的培训计划和程序,有相关的培训、考核记录。

（3）内审员应得到授权/委派

对内审员提出工作能力和专业知识方面的要求是确保内审工作质量的基础。因此,实验室还应对内审员的工作经历和职业素养作出相应的规定,在此基础上获得实验室最高管理者的授权。

第十五节　管理评审

【标准条款】

4.15　管理评审

4.15.1　实验室的最高管理者应根据预定的日程表和程序,定期地对实验室的管理体系和检测和/或校准活动进行评审,以确保其持续适用和有效,并进行必要的变更或改进。评审应考虑到:

——政策和程序的适用性;

——管理和监督人员的报告;

——近期内部审核的结果;

——纠正措施和预防措施;

——由外部机构进行的评审;

——实验室间比对或能力验证的结果;

——工作量和工作类型的变化;

——客户反馈;

——投诉;

——改进的建议;

　　注1:管理评审的典型周期为12个月。

　　注2:评审结果应当输入实验室策划系统,并包括下年度的目的、目标和活动计划。

　　注3:管理评审包括对日常管理会议中有关议题的研究。

4.15.2　应记录管理评审中的发现和由此采取的措施。管理者应确保这些措施在适当和约定的时限内得到实施。

【理解与实施】

1.管理评审与内部审核的区别

（1）目的不同

内部审核:确定质量活动及其结果的符合性和有效性。

管理评审:确定质量方针、目标和质量体系的适用性和有效性。

（2）依据不同

内部审核:评审准则、体系文件和技术标准。

管理评审:受益者（管理者、员工、供方、顾客、社会）的期望。

（3）层次不同

内部审核：控制质量活动及结果符合质量方针、目标的要求，属于战术性的。

管理评审：控制质量方针、目标本身的正确性，属于战略性的。

（4）组织者不同

内审：质量主管。

管理评审：最高管理者。

（5）执行者不同

内部审核：与被审核领域无直接责任的人员参加。

管理评审：由最高管理者或其代表亲自组织有关人员进行。

（6）形式不同

内审：现场审查。

管理评审：会议讨论。

（7）结果不同

内部审核：发现、纠正不符合项，使体系更有效地运行。

管理评审：改进质量体系，修订质量手册和程序文件，提高质量管理水平和质量管理能力。

（8）输入不同

内审：管理体系的全部要素。

管理评审：政策和程序的适用性；管理和监督人员的报告；近期内部审核的结果；纠正措施和预防措施；由外部机构进行的评审；实验室间比对或能力验证的结果；工作量和工作类型的变化；客户反馈；投诉；改进的建议；其他相关因素，如质量控制活动、资源以及员工培训等十一个方面。

（9）输出不同

内审：对管理体系是否符合要求，以及是否有效实施和保持作出结论，对不符合项提出纠正措施要求。

管理评审：提出改进措施和资源需求，包括对管理体系的方针、目标是否适宜作出评价。

2. 管理评审的目的

管理评审是实验室最高管理者定期系统评价质量方针和质量目标在内外部环境发生变化的情况下是否依然持续适用和有效，并在评价基础上进行必要的变更或改造。

包括但不限于以下内容：

(1)质量管理体系的运行是否协调。

(2)组织机构职责分配是否合理。

(3)程序文件是否充分、适宜、有效。

(4)过程是否受控。

(5)资源配置(人、机、料、法、环五方面)是否满足要求等问题。

3. 管理评审周期

管理评审典型周期为12个月。

特殊情况：

(1)可能超过12个月，如：有充分证据表明实验室体系运作稳定，实验室内部没有重大变化，外部要求没有显著发展。

(2)可能少于12个月，如：实验室刚刚建立质量管理体系或实验室发生了重大的变更。

4. 管理评审输入

(1)政策和程序的适用性

主要指质量方针、质量目标以及体系文件的适用性，准则4.2.2也要求应制定总体目标并在管理评审时加以评审。

(2)管理和监督人员的报告

实验室对近一个管理评审周期内的管理和监督情况进行汇总分析，形成报告，并提出改进意见或建议。

(3)近期内部审核的结果

最近一次内部审核结果的审核结论，尤其是所涉及的不符合项、观察项情况，包括分布情况、严重性评价、发展趋势以及整改落实情况。

(4)纠正措施和预防措施

对内部审核以及体系日常运行中所发生纠正措施和预防措施进行报告，包括实施情况、验证情况以及改进事项。

(5)由外部机构进行的评审

由外部机构进行的评审，主要指资质认定机构以及认可机构对实验室实施的评审，同时也应包括其他政府监管部门以及第二方或第三方机构对实验室进行的评价活动。实验室应对评审结论进行认真分析,并形成报告。

(6)实验室间比对或能力验证的结果

实验室间比对、能力验证、测量审核活动是实验室实施质量控制,保证检测或校准结果准确性的一个关键环节。通过对实验室间比对或能力验证结果的汇总分析,可以确认实验室出具检测或校准结果的技术可靠性,并由此识别出影响质量控制诸多环节的措施需求。

(7)工作量和工作类型的变化

实验室通过分析工作量和工作类型的变化,可以有效识别出人、机、料、法、环五个关键的需求状况。

(8)客户反馈

有效分析客户的反馈意见和建议可以帮助实验室识别客户需求,明确自身不足,有助于提出改进措施,增加客户满意度。

(9)投诉

根据客户投诉情况分析投诉分布及趋势,识别改进环节,制定有效措施,不断完善质量管理体系。

(10)改进的建议

改进的建议包括日常体系运行过程中识别出的改进机会,也包括通过对上述事项进行分析从而识别出的改进需求。

(11)其他相关因素

其他相关因素包括诸如质量控制活动、资源的需求分析、员工培训需求及有效性评价、上次管理评审的跟踪验证情况等。

5. 管理评审输出

管理评审的结果是质量管理体系的改进,管理评审可能导致发展战略和发展目标的变化;质量目标、质量承诺的更改;质量文件(包括程序)的变更;组织结构和管理结构的调整,职责分工的改变;人力资源的优化、调整;设备设施的更新或增加;为新进的和现有的员工提供培训;参与能力验证等等。

(1)质量管理体系有效性及其过程有效性的改进。由输入信息中的绩效现状分析,必将发现差距,进而导致对组织现有的质量管理体系的过程状态提出改进的要求。

(2)与客户有关的数据和结果质量的改进。包括质量水平和服务水平的提高、成本(价格)的降低、顾客满意程度的增强等。

(3)资源需求(应考虑在人力资源、基础设施、设备、软件、信息系统、工作环境等方面满足当前和未来的需要)。

6. 质量管理体系的适用性和有效性

(1)质量管理体系的适用性是质量管理体系满足环境变化后要求的程度,环境包括内环境和外环境。

内环境包括了实验室的组织文化和运行条件,运行条件是维持运行的必要条件,主要是指人员、组织结构、设备设施、薪酬、运行机制以及各种内部管理制度。实验室管理者对内环境的营造起着重要作用。

外环境分为一般环境和任务环境,一般环境由政治、法律、社会、文化、科技和经济组成,任务环境由顾客、供应商、同盟、对手、公众、政府和股东构成。

(2)质量管理体系的有效性是完成策划的活动和达到策划结果的程度。同时体系的有效性也要考虑质量管理体系运行的经济性,考虑运行效果和所花费成本之间的关系。

7. 管理评审报告的内容

(1)质量方针、目标,质量手册及程序文件的持续有效性、适宜性及充分性,质量方针和目标是否实现,过去一年中所取得的业绩是否达到、完成或超过质量方针和目标的要求。

(2)实验室的日常监督情况,管理人员和监督人员一年来管理与监督的状况,是否达到预期要求。

(3)有关的审核结果,包括:

①实验室接受外部机构的审核情况;②内部审核情况;③纠正和/或预防措施的实施和验证情况;④工作量和工作类型的变化情况;⑤实验室间技术水平和检测能力的比较及相应工作效率比较;⑥管理人员平时工作中遇到的问题及解决方法;⑦客户的投诉或反馈;⑧实验室参加能力验证或实验室间比对的情况;⑨实验室人员培训工作的效果和关键人员的能力保持情况;⑩实验室这段时间出具报告的情况;⑪改进的建议;⑫其他日常管理议题。

8. 管理评审改进措施的跟踪验证

管理评审是对实验室中重大的、全局性的问题作出的决策,因此必须对管理评审中提出的改进措施进行跟踪验证。

跟踪验证过程主要包括：

（1）管理评审报告中明确改进措施

管理评审形成的报告中应明确管理评审中提出的问题以及针对该问题采取的改进措施。

（2）制定改进措施实施表

由实验室质量主管制定改进措施实施日程表，明确责任部门、责任人、要达到的要求和完成期限。

（3）对改进措施的实施情况进行跟踪

按要求组织责任部门进行改进，并对改进措施的实施情况进行跟踪。验证结束后应形成验证报告，向最高管理者报告。

（4）对改进措施的实施效果进行评价，获得改进措施是否切实有效的结论

纠正或预防措施未达到预期效果，不符合的原因或潜在的原因仍然存在，类似问题仍重复出现或不希望产生的问题仍发生，则可判定纠正或预防的措施无效，需重新采取措施，重新进行跟踪验证。

第五章　技术要求

第一节　总　则

【标准条款】

> 5.1　总　则
>
> 5.1.1　决定实验室检测和/或校准的正确性和可靠性的因素有很多,包括:
>
> ——人员(5.2);
>
> ——设施和环境条件(5.3);
>
> ——检测和校准方法及方法确认(5.4);
>
> ——设备(5.5);
>
> ——测量的溯源性(5.6);
>
> ——抽样(5.7);
>
> ———检测和校准物品的处置(5.8)。
>
> 5.1.2　上述因素对总的测量不确定度的影响程度,在(各类)检测之间和(各类)校准之间明显不同。实验室在制定检测和校准的方法和程序、培训和考核人员、选择和校准所用设备时,应考虑到这些因素。

【理解与实施】

1. 影响检测/校准结果正确性和可靠性的五个方面

影响检测/校准结果正确性和可靠性的五个方面,即人、机、料、法、环。

"人"指的是人员;

"机"指的是检测/校准设备以及设备准确、可靠的溯源性;

"料"指的是样品(或样品+消耗性材料);

"法"指的是检测/校准方法(含抽样方法);

"环"指的是环境条件(除了检测/校准的环境条件外,还有样品储存的环境条件、自动化数据设备运行的环境条件、记录存放的环境条件和抽样的环境条件等）。

第二节 人 员

【标准条款】

5.2 人员

5.2.1 实验室管理者应确保所有操作专门设备、从事检测和/或校准、评价结果、签署检测报告和校准证书的人员的能力。当使用在培员工时，应对其安排适当的监督。对从事特定工作的人员，应按要求根据相应的教育、培训、经验和/或可证明的技能进行资格确认。

注1：某些技术领域（如无损检测）可能要求从事某些工作的人员持有个人资格证书，实验室有责任满足这些指定人员持证上岗的要求。人员持证上岗的要求可能是法定的、特殊技术领域标准包含的，或是客户要求的。

注2：对检测报告所含意见和解释负责的人员，除了具备相应的资格、培训、经验以及所进行的检测方面的充分知识外，还需具有：

——用于制造被检测物品、材料、产品等的相关技术知识、已使用或拟使用方法的知识，以及在使用过程中可能出现的缺陷或降级等方面的知识；

——法规和标准中阐明的通用要求的知识；

——对物品、材料和产品等正常使用中发现的偏离所产生影响程度的了解。

5.2.2 实验室管理者应制定实验室人员的教育、培训和技能目标。应有确定培训需求和提供人员培训的政策和程序。培训计划应与实验室当前和预期的任务相适应。应评价这些培训活动的有效性。

5.2.3 实验室应使用长期雇佣人员或签约人员。在使用签约人员及其他的技术人员及关键支持人员时，实验室应确保这些人员是胜任的且受到监督，并按照实验室管理体系要求工作。

5.2.4 对与检测和/或校准有关的管理人员、技术人员和关键支持人员，实验室应保留其当前工作的描述。

注：工作描述可用多种方式规定。但至少应当规定以下内容：

——从事检测和/或校准工作方面的职责；

——检测和/或校准策划和结果评价方面的职责；

——提交意见和解释的职责；

——方法改进、新方法制定和确认方面的职责；

——所需的专业知识和经验；

——资格和培训计划；

——管理职责。

5.2.5 管理层应授权专门人员进行特定类型的抽样、检测和/或校准、签发检测报告和校准证书、提出意见和解释以及操作特定类型的设备。实验室应保留所有技术人员(包括签约人员)的相关授权、能力、教育和专业资格、培训、技能和经验的记录,并包含授权和/或能力确认的日期。这些信息应易于获取。

【理解与实施】

1. 实验室需要进行能力确认的人员

(1)操作专门设备人员。

(2)从事检测和(或)校准人员。

(3)结果评价人员。

(4)签署检测报告和校准证书的人员。

2. 实验室需要保留其当前工作描述的人员

(1)管理人员:具有计划、组织、领导、控制职能的人员,如最高管理者、技术负责人、质量负责人等。

(2)技术人员:直接从事检测或校准操作和研发相关技术的人员,如检测或校准人员、授权签字人、方法开发人员等。

(3)关键支持人员:为实验室检测和校准服务提供支持服务的人员,其工作直接或间接影响实验室活动的质量,如设备管理员、档案管理员、样品管理员等。

3. 实验室需要授权的人员

(1)操作特定类型的设备人员。

(2)从事检测和(或)校准人员。

(3)结果评价人员。

(4)签发检测报告和校准证书的人员。

(5)特定类型的抽样人员。

(6)提出意见和解释人员。

4. 实验室哪些人员有任职条件的要求

人员的资格条件是其拥有和使用资源的前提,满足一定资格条件的人员才能享有和合理利用资源。

(1)认可准则对如下人员的任职资格有要求

——最高管理者

——技术管理者（可能是多个人，包括技术负责人）

——质量主管

——监督员

——内部审核员

——特殊类型的抽样人员

——检测、校准人员

——发布检测报告/校准证书的人员

——提出意见和解释的人员

——操作特殊类型设备的人员

——检测和校准方法的制定人员

（2）任职要求大致分为七个方面

1）从业资格

在一些技术要求高、专业性强的领域，要求检测/校准人员取得从事岗位所需的相应资格。例如，无损检测人员应具有无损检测II级资格；黄金珠宝实验室必须至少应有2名取得国家珠宝玉石质量检测师资格并已注册的检测人员，其他主要检测人员必须经过专业培训并取得相应的资格证书，诸如中国珠宝玉石协会GAC证书、英国皇家宝石协会FGA证书等；在校准实验室，要求校准人员应经过培训，经考核合格后持证上岗。

2）培训经历

检测/校准人员不仅要掌握专业基础知识，还应不断接受专业知识和相关法律法规的培训。例如，医疗器械检测实验室应确保与检测质量有关的人员受过医疗器械相关法律、法规的培训；电磁兼容检测人员应经过必要的培训和考核；在金属材料检测领域，从事抽样和制样的工人应经过培训；信息技术软件产品检测人员至少应具备软件、硬件和网络技术等方面的技术培训，接受过知识产权保护方面的专业教育。

3）从业经历

在一些操作性强、对工作实验依赖程度较高的岗位上，对检测人员的最低工作年限提出了要求。例如，在纺织品检测实验室中，羊绒、羊毛手排长度、棉花手扯长度的检测工作操作技巧性强，要求检测人员有二年以上的实际操作经历，方可独立开展工作。

4）专业知识

熟悉并掌握本专业的知识是对检测/校准实验室专业技术人员的通用要求。例如，微生物检测人员应熟悉生物检测安全操作知识和消毒知识，电磁兼容检测人员应具有相应的电磁兼容基础理论和专业知识，信息技术软件产品检测人员应具有相应的信息技术软件检测基础理论和专业知识等。

5）经验和工作能力

只有具备一定的经验和工作能力才能保证检测/校准工作质量，因此尽管这是一项"软"指标，但却是实验室在授权时需要考虑的一个十分重要的因素。例如，在医疗器械检测实验室中承担医疗器械或附件安全性能检测的人员，应能按规定程序判定与被检测物品相关的危害，并有估计其风险的能力，并能正确出具风险分析报告，进行风险分析评审；无损检测实验室的技术监督人员和检测人员，应具有整理分析有关无损检测数据和结果的经验和能力；校准实验室监督员以上的管理人员应有测量不确定度的评定能力，能对校准结果的正确性作出判断。

6）生理要求

这一要求主要针对某些特殊领域的实验室，例如，在微生物检测实验室中，有颜色视觉障碍的人员不能执行某些涉及辨色的检测。在电声检测实验室中，要求视听检测人员听力正常，具有听力鉴别率。

7）其他要求

例如，在医疗器械检测实验室中，若人员与检测物品的接触会影响物品的质量，则实验室应建立并维持对检测人员的健康、清洁和服务的要求，并形成文件。在汽车摩托车检测实验中，要求从事道路实验的驾驶人员必须获得驾驶证。在校准实验室中，校准/检定人员任职基本条件、职责应满足《计量法》及相应法规的要求。

5. 关于实验室人员的任命、授权、持证上岗

任命：指定某人担任某种职务。如：任命某某为实验室主任。

授权：授予某人从事某种工作的权力。如：授权某某操作实验的气相色谱仪。

持证上岗：是人员上岗之前经过考核符合岗位要求，拿到上岗证后从事岗位上的工作。如：李四有检测员的上岗证，从事检测员的工作就叫持证上岗

任命的是职务或职位，授权给予行使某项权力，持证是对特定能力的认可。

实验室需要任命的职位有：最高管理者、技术负责人、质量负责人、各部门主管。

实验室需要授权的岗位有：合同评审人员、收样人员、样品管理员、检测人员（包括样品制备）、抽样人员、校核人员、内审员、质量监督员、报告出证员等。

实验室的检测人员需要持证上岗。

6. CNAS对授权签字人要求

授权签字人应具有本专业中级以上（含中级）技术职称，大专毕业后，从事专业技术工作7年以上；或大学本科毕业，从事相关专业5年以上；或硕士学位以上（含），从事相关专业2年以上。特定领域的要满足相应领域的应用说明的要求。经评审员现场考核合格才能成为授权签字人。

（1）具有相应的职责和权利，对检测/校准结果的完整性和准确性负责。

（2）与检测/校准技术接触紧密，掌握有关的检测/校准项目限制范围。

（3）熟悉有关检测/校准标准、方法及规程。

（4）有能力对相关检测/校准结果进行评定，了解测试结果的不确定度。

（5）了解有关设备维护保养及定期校准的规定，掌握其校准状态。

（6）十分熟悉记录、报告及其核查程序。

（7）了解CNAS的认可条件、实验室义务及认可标志使用等有关规定。

7. CNAS现场考核授权签字人需要注意的问题

（1）实验室申请认可的授权签字人由实验室明确其职权，对其签发的报告/证书具有最终技术审查职责，对于不符合认可要求的结果和报告/证书具有否决权。

（2）授权签字人应具备相应技术工作经历。如果实验室基于行业管理的规定，报告或证书必须由实验室负责人签发，而该负责人没有获得CNAS相应范围内的授权签字人资格，报告或证书必须由经CNAS认可的实验室授权签字人签字，该人员可以复核人（或其他称谓）的形式出现。

（3）考核时应重点考核其是否熟悉CNAS的相关要求，技术能力是否满足要求。

（4）授权签字人的考核单独进行，不应采取集中考核的方式。对授权签字人的技术能力评审，可在现场试验或调阅技术记录的过程中同时进行。

（5）对于综合性实验室应特别注意考核授权领域涉及全部检测/校准项目（包含各个不同领域）的授权签字人的技术能力及与CNAS相关要求的符合性。

（6）对于没有技术工作背景或不满足CNAS相关要求的领域不能予以推荐，例如：没有化学领域工作背景，不满足CNAS-CL10相关要求时，不能推荐包含化学检测项目在内的"全部项目"签字范围。

（7）通过资料审查、电话考核等非面试考核方式增加的授权签字人，在随后的现场评审时评审组应对其进行面试考核。

8. 授权签字人离职如何处理

授权签字人离职或其他的变动，实验室要做如下工作：

（1）应在20个工作日内以书面形式通知CNAS秘书处。

（2）暂停授权签字人原来授权签字领域的项目（如果该领域有多位授权签字人，可以不暂停）。

（3）寻找新的合格的授权签字人，向认可委提交授权签字人变更的申请。

（4）CNAS派人到现场考核新申请的授权签字人（也有可能采取电话考核的形式）。

9. 除授权签字人离职需要向CNAS备案外，其他需要向CANS备案的情形

（1）实验室的名称发生变化。

（2）实验室地址发生变化。

（3）实验室法律地位。

（4）实验室的主要政策。

（5）实验室高级管理人员变动（包括离职、调岗等）。

（6）实验室技术人员（包括技术负责人）变动。

（7）认可范围内依据的标准、方法、重要试验设备、环境、检测、校准工作范围发生重大改变。

（8）其他有可能影响实验室认可范围内业务活动和体系运行的变更。

10. 报告意见解释人

对检测报告负责意见和解释的人员，除了具备相应的资格、培训、经验、授权以及所进行的检测方面的充分知识外，还需具有：

——用于制造被检测物品、材料、产品等的相关技术知识，已使用或拟使用方法的知识，以及在使用过程中可能出现的缺陷或降级等方面的知识。

——法规和标准中阐明的通用要求的知识。

——对物品、材料和产品等正常使用中发现的偏离所产生影响程度的了解。

11. 实验室人员上岗证由谁颁发

实验室人员上岗证，应该由本单位发。即使外部机构培训，人员上岗证也应由

本单位自己发。外部机构培训发考核合格证或资格证书,然后由本单位发上岗证。

有的员工即使取得外部机构培训发考核合格证或资格证书,本单位也不一定给其发上岗证。资格可以由员工自己获得,也可以由单位提供培训获取,但不管什么方式获得,单位都有聘用和不聘任的权利。聘用后就应该由单位发上岗证。

12. 实验室人员上岗能力确认

(1)人员初次上岗需能力确认。

(2)在初次能力确认后,如果有标准变更、设备更新、环境等发生变化,需要再次确认。

(3)有些项目实验室人员长期不做,再次做该项目前,需再次确认,防止有些员工有证,无能力。

总之只要有变化,就需再次确认。

13. 实验室培训政策应涵盖的内容

为了确保检测结果的准确可靠,提高实验室服务客户的能力,最大可能地降低实验室自身风险,必须使用与岗位相匹配的,具有相应技术能力的人员。培训是实验室提升其人员技术能力的有效途径,实验室应制定相应的培训政策,鼓励参加各种培训。培训政策应包含以下内容:

(1)培训的宗旨和目标。

(2)培训需求的调查与了解。

(3)受训人员的范围、知识结构和纪律要求。

(4)培训的内容、途径与方式。

(5)培训资源的提供与获得,包括师资、经费、场所、交通等。

(6)培训考核的方式。

(7)激励与惩罚的规定。

(8)培训有效性评价的方法等。

14. 实验室培训需求来源

实验室要根据现有人员能力,结合实验室当前和中长远发展规划,同时考虑监管部门、标准规范、客户等方面来识别培训需求。培训需求主要来源于以下几个方面:

(1)人员岗位能力的需求

实验室根据当前和预期发展来识别和确定人力资源的管理需求,设定组织机构、部门和岗位,识别岗位能力要求,以此作为工作描述及培训需求的基础。尤其关注新员工上岗和人员岗位持续适应的培训需求。此外,实验室人员为提升学历层次和改变知识结构也会提出培训需求。

(2)法律、法规、规章的需求

法律、法规、规章对某些专业领域有特定的要求,实验室需要了解、掌握这些要求,以持续遵守相关的法律法规。

(3)行政监管部门的需求

行政监管部门提出认证认可工作方面的新要求,需要实验室人员不断地跟踪这类信息,适应要求。

(4)实验室持续发展的需求

包含新技术、业务拓展、持续改进等因素产生的培训需求。例如,被检仪器更新了,检测人员要了解所检仪器的工作原理、结构组成;标准、规范发布或变更时,要能正确理解新的要求;设备新购或改造后,要掌握设备的性能、安装、调试、维护知识,能够正确操作,这些都需要相应的培训。实验室实施管理评审、内部审核,拟定纠正措施和预防措施时,也会发现一些培训需求。

(5)客户的需求

为适应客户不断变化的要求,就需要了解客户当前的需求,识别客户潜在的需求。与客户进行交流、切磋,向客户学习就显得极为重要。

15. 如何评价培训效果

培训的有效性评价是做了培训后,需要重点做的一个工作,一般每个实验室的培训内容不一样,考核的方式也不同。

培训的有效性可以从以下几个方面考虑:

(1)培训的目的——是否掌握培训目的,培训的考核针对培训目的展开。

(2)笔试——考核培训内容,得出考试分数。

(3)口试——询问培训内容,看相关人员是否掌握。

(4)人员比对——培训过的人员是否能达到"老员工"的水平。

(5)实际操作——人员经过培训,操作水平是否有提高。

(6)定期、不定期抽查监督——培训一段时间后人员是否有遗忘、退步。

(7)看能力验证结果——通过培训,看能力验证结果是否有提高。

(8)内部质量控制结果——通过培训,内部质量控制水平是否有提高。

（9）通过内部审核、外部审核发现的问题，验证培训效果。

（10）不符合工作的识别——以前发生过的不符合项是否重复发生，不符合项数量是否减少。

（11）相关的投诉是否减少，客户满意度是否有提高。

（12）人员监督——对比培训前后人员监督的结果和评价，发现人员培训前后的变化。

16. 实验室技术人员档案如何做

认可准则5.2.5条要求：实验室应保留所有技术人员（包括签约人员）的相关授权、能力、教育和专业资格、培训、技能和检验的记录，并包含授权和（或）能力确认的日期。这些信息应易于获取。

人员技术档案主要内容包括以下五个方面：

（1）学历和学业证书。例如，毕业证书、学位证书、结业证书、培训证明等。

（2）资格证书。例如，检定员证、操作员证、上岗证、内审员证、评审员证书、技术职称资格证书等。

（3）技术水平证明材料。例如，论文论著、科研课题鉴定证书、英语等级证书、计算机等级。

（4）各类聘书和授权文件。

（5）工作履历。不仅要反映技术人员在本实验室从事的工作，还应该包括自参加工作以来的经历。

第三节　设施和环境条件

【标准条款】

5.3　设施和环境条件

5.3.1　用于检测和/或校准的实验室设施，包括但不限于能源、照明和环境条件，应有利于检测和/或校准的正确实施。实验室应确保其环境条件不会使结果无效，或对所要求的测量质量产生不良影响。在实验室固定设施以外的场所进行抽样、检测和/或校准时，应予特别注意。对影响检测和校准结果的设施和环境条件的技术要求应制定成文件。

5.3.2 相关的规范、方法和程序有要求，或对结果的质量有影响时，实验室应监测、控制和记录环境条件。对诸如生物消毒、灰尘、电磁干扰、辐射、湿度、供电、温度、声级和振级等应予重视，使其适应于相关的技术活动。当环境条件危及到检测和/或校准的结果时，应停止检测和校准。

5.3.3 应将不相容活动的相邻区域进行有效隔离。应采取措施以防止交叉污染。

5.3.4 应对影响检测和/或校准质量的区域的进入和使用加以控制。实验室应根据其特定情况确定控制的范围。

5.3.5 应采取措施确保实验室的良好内务，必要时应制定专门的程序。

【理解与实施】

1. 对设施和环境的要求

实验室的设施是指实施实验职能的"场地"或"场所"，包含建筑物和工作场所（如实验室、样品制备间、办公室、样品库、仓库等），以及相关的支持服务等基础设施（如供电、供水、供气、恒温、消防通道和设施、紧急救护系统、废液和废气及废物处理系统等）。

环境条件是指影响检测/校准结果质量的各种环境条件，表现为物理、化学或生物的因素，如温度和湿度、灰尘、生物消毒、供电、化学纯净度、通风排气、噪声、振动和辐射、交叉污染、电磁兼容、照明等。

对实验室设施和环境的要求主要来自于：

（1）检测/校准工作所遵循的标准的要求，产品标准、方法标准、通用技术条件中通常对设施和环境会有所要求。

（2）所用测量设备对环境条件或设施的要求，如计量基准对使用、存放的要求。

（3）所检测/校准的物品对环境条件的要求，主要体现在样品制备、包装、储存等环节对环境条件的要求，如温湿度、防震、防磁、防霉变等。

（4）检测/校准人员的健康安全要求，如防噪声、防尘、防有毒气体、防辐射等。对于从事激光光学测量的实验室，应配备专用的光学暗室，为测量人员配备激光防护眼镜。

（5）法律、法规和规章的要求，主要体现在实验室设施要符合公共安全、节能环保的要求。如医学实验室、高压实验室等。

2. 交叉污染

当一种产品或一个物质中，存在不需要的物质时，就是污染。污染包括空气污染、水污染、电磁污染、辐射污染、噪声污染、振动污染、微生物污染等。而交叉污染是原辅料或产品与另外一种原辅料或产品之间的污染。

实验室交叉污染是由于未进行有效隔离,实验区域获得了不需要的物质。产生交叉污染的物质主要有气体、微生物、灰尘、电磁干扰、辐射、振动等,能够产生或引发这些物质的试验都应该注意防止交叉污染。

不同实验室的要求千差万别,根据其特点采用不同的方法防止交叉污染。

3. 实验室什么情况下需进行环境记录

实验室的环境监控记录是环境条件是否满足要求,原始记录记录环境条件是表明检测时环境条件的实际情况,即当时的环境是否满足要求。两个都应记录,而且应证明环境条件与原始记录记录的结果完全一致。因此,凡是规范、程序、方法有要求时,或虽然没有要求但对结果有影响时应对环境条件进行监控和记录。

4. 测量仪器出厂合格证能否代替校准证书

产品合格证是为避免不合格产品流入市场和顾客手中,生产者必须对其产品进行出厂检测,合格者开具出厂合格证。

产品的出厂检测作为企业内部质量管理的一个重要环节,它的执行主体是本厂的质量检验员,而非检定员,执行的技术文件是企业标准或其他标准,而非计量检定规程或校准规范,因而不具有法制性和第三方公正地位。因此,产品出厂合格证也就不能用做评定测量仪器特性的有效法律依据。

用于检测/校准的设备,即使在进入实验室以前是经过出厂检验的,仍然要对其进行校准或核查。如果确实无法对该设备进行校准,也可以用同一性能稳定的测量仪器作为被测对象,比较所得数据,通过比对来验证该自动化设备是否能达到规定要求。

第四节　检测和校准方法及方法的确认

【标准条款】

5.4 检测和校准方法及方法的确认

5.4.1 总则

实验室应使用适合的方法和程序进行所有检测和/或校准,包括被检测和/或校准物品的抽样、处理、运输、存储和准备,适当时,还应包括测量不确定度的评定和分析检测和/或校准数据的统计技术。

如果缺少指导书可能影响检测和/或校准结果,实验室应具有所有相关设备的使用和操作指导书以及处置、准备检测和/或校准物品的指导书,或者二者兼有。所有与实验室工作有关的指导书、标准、手册和参考资料应保持现行有效并易于员工取阅(见4.3)。对检测和校准方法的偏离,仅应在该偏离已被文件规定、经技术判断、授权和客户接受的情况下才允许发生。

注:如果国际的、区域的或国家的标准,或其他公认的规范已包含如何进行检测和/或校准的简明和充分信息,并且这些标准是以可被实验室操作人员作为公开文件使用的方式书写时,则不需再进行补充或改写为内部程序。对方法中的可选择步骤,可能有必要制定附加细则或补充文件。

5.4.2 方法的选择

实验室应采用满足客户需求并适用于所进行的检测和/或校准的方法,包括抽样的方法。应优先使用以国际、区域或国家标准发布的方法。实验室应确保使用标准的最新有效版本,除非该版本不适宜或不可能使用。必要时,应采用附加细则对标准加以补充,以确保应用的一致性。

当客户未指定所用方法时,实验室应从国际、区域或国家标准中发布的,或由知名的技术组织或有关科学书籍和期刊公布的,或由设备制造商指定的方法中选择合适的方法。实验室制定的或采用的方法如能满足预期用途并经过确认,也可使用。所选用的方法应通知客户。在引入检测或校准之前,实验室应证实能够正确地运用这些标准方法。如果标准方法发生了变化,应重新进行证实。

当认为客户建议的方法不适合或已过期时,实验室应通知客户。

5.4.3 实验室制定的方法

实验室为其应用而制定检测和校准方法的过程应是有计划的活动,并应指定具有足够资源的有资格的人员进行。

计划应随方法制定的进度加以更新,并确保所有有关人员之间的有效沟通。

5.4.4 非标准方法

当必须使用标准方法中未包含的方法时,应遵守与客户达成的协议,且应包括对客户要求的清清晰晰说明以及检测和/或校准的目的。所制定的方法在使用前应经适当的确认。

注:对新的检测和/或校准方法,在进行检测和/或校准之前应当制定程序。程序中至少应该包含下列信息:

a)适当的标识;

b)范围;

c)被检测或校准物品类型的描述;

d)被测定的参数或量和范围;

e) 仪器和设备, 包括技术性能要求;

f) 所需的参考标准和标准物质 (参考物质);

g) 要求的环境条件和所需的稳定周期;

h) 程序的描述, 包括:

——物品的附加识别标志、处置、运输、存储和准备;

——工作开始前所进行的检查;

——检查设备工作是否正常, 需要时, 在每次使用之前对设备进行校准和调整;

——观察和结果的记录方法;

——需遵循的安全措施;

i) 接受 (或拒绝) 的准则和/或要求;

j) 需记录的数据以及分析和表达的方法;

k) 不确定度或评定不确定度的程序。

5.4.5 方法的确认

5.4.5.1 确认是通过检查并提供客观证据, 以证实某一特定预期用途的特定要求得到满足。

5.4.5.2 实验室应对非标准方法、实验室设计 (制定) 的方法、超出其预定范围使用的标准方法、扩充和修改过的标准方法进行确认, 以证实该方法适用于预期的用途。确认应尽可能全面, 以满足预定用途或应用领域的需要。实验室应记录所获得的结果、使用的确认程序以及该方法是否适合预期用途的声明。

注1: 确认可包括对抽样、处置和运输程序的确认。

注2: 用于确定某方法性能的技术应当是下列之一, 或是其组合:

——使用参考标准或标准物质 (参考物质) 进行校准;

——与其他方法所得的结果进行比较;

——实验室间比对;

——对影响结果的因素作系统性评审;

——根据对方法的理论原理和实践经验的科学理解, 对所得结果不确定度进行的评定。

5.4.6 测量不确定度的评定

5.4.6.1 校准实验室或进行自校准的检测实验室, 对所有的校准和各种校准类型都应具有并应用评定测量不确定度的程序。

5.4.6.2 检测实验室应具有并应用评定测量不确定度的程序。某些情况下, 检测方法的性质会妨碍对测量不确定度进行严密的计量学和统计学上的有效计算。这种情况下, 实验室至少应努力找出不确定度的所有分量且作出合理评定, 并确保结果的报告方式不会对不确定度造成错觉。合理的评定应依据对方法特性的理解和测量范围, 并利用诸如过去的经验和确认的数据。

注1: 测量不确定度评定所需的严密程度取决于某些因素, 诸如:

——检测方法的要求;

——客户的要求;

——据以作出满足某规范决定的窄限。

注2：某些情况下，公认的检测方法规定了测量不确定度主要来源的值的极限，并规定了计算结果的表示方式，这时，实验室只要遵守该检测方法和报告的说明（5.10），即被认为符合本款的要求。

5.4.6.3 在评定测量不确定度时，对给定情况下的所有重要不确定度分量，均应采用适当的分析方法加以考虑。

注1：不确定度的来源包括（但不限于）所用的参考标准和标准物质（参考物质）、方法和设备、环境条件、被检测或校准物品的性能和状态以及操作人员。

注2： 在评定测量不确定度时，通常不考虑被检测和/或校准物品预计的长期性能。

注3： 进一步信息参见ISO 5725和"测量不确定度表述指南"（见参考文献）。

5.4.7 数据控制

5.4.7.1 应对计算和数据转移进行系统和适当的检查。

5.4.7.2 当利用计算机或自动设备对检测或校准数据进行采集、处理、记录、报告、存储或检索时，实验室应确保：

a) 由使用者开发的计算机软件应被制定成足够详细的文件，并对其适用性进行适当确认；

b) 建立并实施数据保护的程序。这些程序应包括（但不限于）：数据输入或采集、数据存储、数据转移和数据处理的完整性和保密性；

c) 维护计算机和自动设备以确保其功能正常，并提供保护检测和校准数据完整性所必需的环境和运行条件。

注：通用的商业现成软件（如文字处理、数据库和统计程序），在其设计的应用范围内可认为是经充分确认的，但实验室对软件进行了配置或调整，则应当按 5.4.7.2 a）进行确认。

【理解与实施】

1. 方法的分类

一般将方法分为标准方法和非标方法两大类。

（1）标准方法

指标准化组织发布的方法，包括：①国内标准，由国内标准化组织发布的标准，如我国国家标准、行业标准和地方标准；②国际标准，由国际标准化组织发布的标准，如ISO、IEC、ITU等；③区域标准，由国际区域标准化组织发布的标准，如欧洲标准化委员会（CEN）等；④国外标准，由国外标准化组织发布的标准，如ANSI、DIN、BSI等。

（2）非标准方法

①知名技术组织、有关科学书籍和期刊公布的方法，设备制造商指定的方法等；②实验室设计（制定）的方法；③超出其预定范围使用的标准方法；④扩充和修

改过的标准方法。

2. 方法的偏离

以下是实验室允许检测和校准方法偏离的四个必要条件,缺一不可:

(1)偏离有文件规定(可以是程序文件,也可以是作业指导书或其他规范文件)。

(2)偏离经技术判断,即偏离不会影响数据和结果的正确性和可靠性,如果会影响正确性和可靠性就不允许偏离。

(3)偏离应经授权,即需得到授权人批准,如技术管理者批准等。

(4)偏离还需得到客户同意,客户不同意不可以偏离。

3. 检测/校准工作中的常见偏离与处置

(1)检测/校准方法的偏离

在检测/校准工作中当所使用的检测/校准设备与确认的方法中所涉及的检测/校准设备、检测过程、检测步骤、检测/校准项目及测量次数有一定的偏离时,则应制定"允许偏离"的文件化规定,对方法的任何偏离均应经技术判断,且经技术管理层批准,客户同意才允许发生。

(2)检测设备检定/校准周期的偏离

在实际工作中,由于某些特定的情况,仪器设备检定/校准周期偏离了质量体系文件的相关规定,那么,应该按"允许偏离"程序做好相应的事后补救工作,超期的测量设备具备检定/校准条件后,及时进行检定/校准。假如检定/校准结果超差,还应对测量结果进行追溯处理。

(3)检测设备允许误差的偏离

如果经检定/校准,发现测量设备超差,不能满足预期使用的要求,则需进行第二次调整或修理以及随后的检定/校准,如果确定其还是不能满足规定要求,则该测量设备的准确度偏离了质量体系文件的相关规定。在"允许偏离"程序中可以规定,经调整或修理以及随后的再检定/校准结果满足下一等级的计量特性要求,经用户同意就可降等级使用,其结果应在原始记录及报告/证书中说明,以保证检定/校准工作的质量,继续发挥测量设备使用价值。

(4)校准环境的偏离

环境条件是直接影响报告/证书质量的要素。在检定/校准过程中,当标准工作间环境条件不符合该计量检定规程(或校准规范、标准方法)要求时,在"允许偏离"程序中可以规定,检定和校准人员应按规定要求做必要的修正,引入修正量。

(5)合同的偏离

合同主要是在客户的期望要求得到充分理解后作出规定,予以实施和保持。在合同期间如发现客观条件的变化需要偏离合同时,应在"允许偏离"程序中规定,在偏离发生前,将可能偏离的情况及时通知客户,并取得客户书面确认。然后对需要修改的合同内容,按程序重新进行评审,并将修改内容通知所有受到影响的人员,防止工作差错造成损失。

总之,在日常检定/校准工作中出现偏离的原因和情况很多,比如还有程序文件的偏离、抽样的偏离等,但关键是要把握"允许偏离"是在测量设备、测量结果和产品质量有保障的条件下才允许发生,且有文件予以规定。

4. 方法偏离与非标准方法的异同

(1)偏离不是永久的或者是长久的行为,它是一种临时措施,一种让步的书面许可,必须是在一定的范围内、一定的数量内、一定的时间内的必要让步。对检测和校准方法的偏离,仅应在该偏离已被文件规定、经技术判断、授权和客户接受的情况下才允许发生。

(2)非标准方法经确认后可以使用一段时间,甚至很长一段时间,即标准方法面世前一直可以使用。

(3)检测和校准方法的偏离对象既包括标准方法也包括非标准方法。

5. 方法的选择原则

检测和/或校准方法(包括抽样方法)的选择原则:

(1)满足客户需求。

(2)适用于所进行的检测和/或校准的方法。

(3)优先使用以国际、区域或国家标准发布的方法。

(4)使用最新有效版本的方法。

(5)所选方法能够被客户接受。

6. 标准查新的几种方法

(1)向标准情报部门查询。

(2)订购权威机构出版的国家标准和行业标准目录。

(3)从期刊获取最新信息。

(4)从客户、行业提供的信息。

（5）参考上级主管部门、业务指导部门对各类标准的查新和收集工作的结果。

（6）运用互联网查询可以更直接、有效、及时地获取大量标准信息。

7. 标准中的引用标准过期的处置方式

（1）对引用的标准注明日期的，只采用注明日期的那个版本的标准，无论该标准是否更新。

（2）对引用的标准没有注明日期的，采用最新的版本（包括任何的修订）。

8. 标准方法的证实

应从人、机、料、法、环、测几个方面去证实实验室有能力满足标准方法的要求，有能力开展检测、校准活动。证实的内容包括：

（1）对执行新标准所需的人力资源的评价，即检测、校准人员是否具备所需的技能及能力；必要时应进行人员培训，经考核后上岗。

（2）对现有设备适用性的评价，诸如是否具有所需的标准、参考物质，必要时应予补充。

（3）对设施和环境条件的评价，必要时进行验证。

（4）对物品制备，包括前处理、存放、辅助试剂等各环节是否满足标准要求的评价。

（5）对作业指导书、原始记录、报告格式及其内容是否适应标准要求的评价。

（6）对新旧标准进行比较，尤其是差异分析与比对的评价。

（7）按标准要求进行完整模拟检测，出具完整结果报告。

方法的证实可包括以前参加过的实验室间比对或能力验证的结果、为确定测量不确定度、检出限、置信限等而使用的已知样品或物品所做过的试验性检测/校准计划的结果。

9. 非标准方法的确认

确认是通过提供客观证据对特定的预期用途或应用要求已得到满足的认定。通常针对非标准方法：实验室设计（制定）的方法、实验室采用的非标方法、超出其预定范围使用的标准方法、扩充和修改过的标准方法。

（1）方法确认的内容

确认应尽可能全面，确认包括：①对要求的详细说明；②对方法特性量的测定；③对利用该方法能满足要求的检查；④对有效性的声明。

(2)方法确认的技术

用于确定某方法性能的技术应当是下列之一,或是其组合:①使用参考标准或标准物质(参考物质)进行校准;②与其他方法所得的结果进行比较;③实验室间比对;④对影响结果的因素作系统性评审;⑤根据对方法的理论原理和实践经验的科学理解,对所得结果不确定度进行的评定。

(3)方法确认使用的特性值

方法确认使用的特性值通常包括:结果的不确定度、方法的选择性、线性、重复性、复现性、检出限、准确度、稳健度和交互灵敏度。

10. 非标方法制定

起草一个非标方法,在非标方法中至少应该包含如下内容:

(1)方法适当的标识。

(2)方法范围。

(3)被检测或校准物品类型的描述。

(4)被测定的参数或量和范围。

(5)仪器和设备,包括技术性能要求。

(6)所需的参考标准和标准物质(参考物质)。

(7)要求的环境条件和所需的稳定周期。

(8)操作程序的描述,包括:

——物品的附加识别标志、处置、运输、存储和准备;

——工作开始前所进行的检查;

——检查设备工作是否正常,需要时,在每次使用之前对设备进行校准和调整;

——观察和结果的记录方法;

——需遵循的安全措施;

(9)方法接受(或拒绝)的准则和/或要求。

(10)需记录的数据以及分析和表达的方法。

(11)不确定度或评定不确定度的程序。

11. 不确定度和测量误差的区别

(1)概念

1)测量不确定度

国家计量技术规范JJF1059《测量不确定度评定与表示》中定义是:表征合理地

赋予"被测量之值"的分散性,与测量结果相联系的参数。

——此参数可以是诸如标准偏差,或其倍数,或说明了置信水平的区间的半宽度。

——测量不确定度由多个分量组成。其中一些分量可用测量列结果的统计分析估算,并用实验标准偏差表征。另一些分量则可用基于经验或其他信息的假定概率分布估算,也可用标准偏差表征。

——测量结果应理解为被测量之值的最佳估计,而所有的不确定度分量均贡献给了分散性,包括那些由系统效应引起的(如与修正值和参考标准有关的)分量。

2)测量误差(简称为误差)

测量结果减去被测量的真值。误差应该是一个确定的值,是客观存在的测量结果与真值之间差。但由于真值往往不知道,故误差无法准确得到。

(2)根本区别

测量不确定度是表征合理地赋予"被测量之值"的分散性,因此,不确定度表示一个区间,即"被测量之值"可能分布区间。这是测量不确定度与误差的最根本的区别。

误差的概念早已出现,但在用传统方法对测量结果进行误差评定时,还存在一些问题。把被测量在观测时所具有的大小称为真值,只是一个理想的概念,只有通过完善的测量才有可能得到真值。但是任何测量都会存在缺陷,因而真正完善的测量是不存在的,也就是说,严格意义上的真值是无法得到的。由于真值无法知道,在实际上误差的概念只能用于已知约定真值的情况下。

根据误差的定义,误差是一个差值,它是测量结果与真值或约定真值之差。在数轴上它表示为一个点,而不是一个区间或范围。既然是一个差值,就应该是一个具有符号的量值。既不应当,也不可以用"±"号的形式表示。

不确定度和误差的区别

	测量误差	测量不确定度
1	有正号或负号的量值,其值为测量结果减去被测量的真值。	无符号的参数,用标准差或标准差的倍数或置信区间的半宽度表示。
2	以真值为中心,说明测量结果与真值的差异程度。(表明测量结果偏离真值)	以测量结果为中心,评估测量结果与被测量真值相符合的程度。(表明被测量值的分散性)
3	客观存在,不以人的认识程度而改变。	与人们对被测量、影响量及测量过程的认识有关。

续表

	测量误差	测量不确定度
4	由于真值未知,往往不能准确得到,当用约定真值代替真值时,可以得到其估计值。	可以由人们根据实验、资料、经验等信息进行评定,是可以定量确定。评定方法有A、B两类。
5	按性质可分为随机误差和系统误差两类,按定义随机误差和系统误差都是无穷多次测量情况下的理想概念。	不确定度分量评定时一般不必区分其性质,若需要区分时应表述为:由随机效应引入的不确定度分量和由系统效应引入的不确定度分量。
6	已知系统误差的估计值时可以对测量结果进行修正,得到已修正的测量结果。	不能用不确定度对测量结果进行修正,在已修正测量结果的不确定度中应考虑修正不完善而引入的不确定度。

12. 测量不确定度的来源

从影响测量结果的因素考虑, 测量结果的不确定度一般来源于:被测对象、测量设备、测量环境、测量人员和测量方法。

(1)被测对象

1)被测量的定义不完善

被测量即受到测量的特定量,深刻全面理解被测量定义是正确测量的前提。如果定义本身不明确或不完善,则按照这样的定义所得出的测量值必然和真实之间存在一定偏差。

2)实现被测量定义的方法不完善

被测量本身明确定义,但由于技术的困难或其他原因,在实际测量中,对被测量定义的实现存在一定误差或采用与定义近似的方法去测量。

3)测量样本不能完全代表定义的被测量

被测量对象的某些特征,如:表面光洁度、形状、温度膨胀系数、导电性、磁性、老化、表面粗糙度、重量等在测量中有特定要求,但所抽取样本未能完全满足这些要求,自身具有缺陷,则测量结果具有一定的不确定度。

3)被测量不稳定误差

被测量的某些相关特征受环境或时间因素影响,在整个测量过程中保持动态变化,导致结果的不确定度。

(2)测量设备

计量标准器、测量仪器和附件以及它们所处的状态引入的误差。计量标准器和测量仪器校准不确定度或测量仪器的最大允差或测量器具的准确度等级均是测量不确定度评定必须考虑的因素。

（3）测量环境

①在一定变化范围或不完善的环境条件下测量：温度、振动噪声、供给电源的变化、空气组成、污染、热辐射、大气压、空气流动等变化。

②对影响测量结果的环境条件认识不足：由于对相关环境条件认识不足，致使测量中或分析中忽视了对某些环境条件的设定和调整，造成不确定度。

（4）测量人员

①人员读数误差即估读误差，读取带指针仪表或带标线仪器的示值，即读取非整数刻度值时，由于估读不准而引起的误差。

②人员瞄准误差：采用显微镜或等光学仪器通过使视场中的两个几何图形重合来对线进行测量，对线准确度与操作者经验和对线形状有关。

③人员操作误差：如测量时间的控制、测点的布置。该项取决于人员的经验、能力、知识及工作态度、身体素质等。

（5）测量方法

1）测量原理误差

测量方法本身就存在一定的原理误差，对被测量定义实现不完善。

2）测量过程

——测量顺序

应严格按照测量规范规定的进行。遗漏或颠倒某一操作过程都有可能造成测量结果的误差，甚至使测量失去意义。

——测量次数

一般来说，测量次数不同，测量精度也不同，增加测量次数，可以提高测量精度。但 $n>10$ 以后，σ 已减少得非常缓慢。此外，由于测量次数愈大，也愈难保证测量条件的恒定，从而带来新的误差，因此一般情况下取 $n=10$ 以内较为适应。

——测量所需时间

有的测量规定必须在一定条件下、一定时间内完成，超出则结果不准确。

——测量点数

操作规范规定测量若干点，但实际检测中，为节省时间或出于其他考虑减少或增加了测量点数，也对最终结果有影响。

——瞄准方式

测量方法不同，采用的测量仪器不同，对应的瞄准方式也不同，如采取目测或用光学瞄准，其瞄准精度必然不同。

——方向性

测量结果须在一定稳态下获得，实验中以不同方向趋于稳态，对于有些测量设备，如具有滞后或磁滞性的仪器读数是不同的。

3）数据处理

——测量标准和标准物质的赋值不准

标准器具本身不可避免存在着制造偏差，它是由更高一级的标准来检定的，这些高一级的标准本身也存在着误差。

——物理常数或从外部资料得到的数据不准

外部资料中提供的数据很多，是由以前的测量为基础或单纯凭经验得出的，不可避免地存在着误差。

——算法及算法实现

采用不同的算法处理数据，如计算标准差 σ，分别运用贝塞尔法和极差法，所得结果必然不同。

——有效位数

数据有效位数不同，精度不同，应根据测量要求或所采用的测量设备而定。

——舍入

由于数字运算位数有限，数值舍入或截尾造成不确定度。

——修正

有些系统误差是可以修正的，但由于对误差因素本身的认识不充分，修正值也必然存在着不确定度。

13. 不确定度评定

（1）标准不确定度的A类评定和B类评定

标准不确定度的A类评定和B类评定并无本质差别，只是评定方式不同而已。它们都基于概率分布，并都用标准差或方差表示，只是方便起见而称为不确定度的A类评定和B类评定。因此，指出某个分量是用统计方法得出的，某个分量是用非统计方法得出的，在不确定度评定中并不重要，重要的是评定的可靠性。

有些不确定度分量的评定可以认为是A类不确定度评定，在另一情况下又可认为是B类不确定度评定。不确定度的B类评定中大量用到技术说明书、技术资料和以往经验所提供的数据和参数,这些数据和参数都是建立大量重复测量和对数据统计的基础上,即亦是通过统计方法得出来的(即A类不确定度评定)。例如,不少分析方法标准列出的方法重复性限(r)和再现性限(R)的函数关系式,是由多个实验室对多个水平的样品进行实验室间共同试验,通过对大量实验数据统计而得来的。这些数据和参数在共同试验数据进行统计时是A类评定,而在随后引用时是B类评定。理论上讲,每个实验室都可以对这些 B类不确定分量进行实地试验,用统计方法计算其标准不确定度(属于A类评定)。但是,这需要对实验方法有充分的了解并花费大量的时间、精力和物力,而且不是每个实验室都能做到的,也没有必要这样做。

(2)不确定度评定的可靠性

不确定度的评定中要充分利用仪器设备的校准证书、检定证书、准确度等级、极限误差或有关技术说明书、技术资料、分析方法标准和手册所提供的数据及不确定度,这些数据和参数不少都是以技术标准或规范的形式规定下来,具有较高的可靠性和实用性,可直接引用进行不确定度分量的评定(B类评定)。

恰当地使用B类标准不确定度评定的信息,要求有一定的经验和对测试方法及所用信息有足够的了解,要认识到标准不确定度的B类评定可以与A类评定一样可靠,特别当A类评定中独立测量次数较少时,获得的A类不确定度未必比B类不确定度评定更可靠。

正确、全面评定测量不确定度是一个量大而又细致的工作。作为一个规范的实验室,在受控条件下进行检测,表示其人员、仪器、设备、方法、环境、管理等都符合分析测试规范,对指定方法的测量结果评定的不确定度符合一定的统计规律。该不确定度估计值(或其中的分量)能可靠地适用于该实验室日后使用该方法(在同样的受控条件)所得到的结果中,而不必每次测试都评定。当然,如测量条件(仪器、方法、人员、管理等)发生变化,则需进行重新评定,并在随后规范化测试中使用新评定的测量不确定度参数。

(3)校准和不确定度评定

某些情况下,当测量条件的变化对测量值进行确切校准后,可不必再计算其不确定度(当然,其校准值也存在不确定度,但要小得多)。

(4)不确定度评定中的有效数字

测量结果报告中不确定度表示的有效位一般取1~2位。当取1位有效位,其数字是1或2时，往往带来过大的修约误差。例如，数位为1，修约间隔1，则有可能从1.49修约至1或1.51修约至2，其最大修约误差近50%，显然不合适。有的国家规定，当第1位有效数字是1或2时，应给出2位有效数字；而在3以上，则给出1位有效数字即可。

为了使测量不确定度的报告在某种程度上更可靠些，往往采取比较保守的方法，即对本来按一般修约规则舍去的部分不予舍去，而采取"进一"来处理。如对0.0243，为更可靠些而修约成0.025或0.03。为避免修约误差的传递，在连续计算时不应对过程中的计算项修约，并保留多余的数位，而只对最后计算结果进行修约。

测量结果的有效位数应与不确定度的有效位数相同，遵守末位对齐原则。

14. 准确度、精密度、灵敏度和检出限

（1）准确度：是测量值偏离真实值的程度，是分析过程中系统误差和随机误差的综合反映，决定着分析结果的可靠程度，方法有较好的精密度，且消除了系统误差后，才有较好的准确度。

（2）精密度：指在进行某一量的测量时，各次测量的数据大小彼此接近的程度。精密度通常用相对标准偏差来表示。

（3）检出限：某一方法在给定的置信水平上可以检出被测物质的最小浓度或最小量。

（4）灵敏度：方法的灵敏度表示被测量改变一个单位时所引起的测量信号的变化，可以把灵敏度理解为校准曲线的斜率。某一分析方法的灵敏度高，是指被测元素的单位浓度或含量的变化可以引起分析信号更显著的变化。

第五节 设 备

【标准条款】

5.5 设备

5.5.1 实验室应配备正确进行检测和/或校准（包括抽样、物品制备、数据处理与分析）所要求的所有抽样、测量和检测设备。当实验室需要使用永久控制之外的设备时，应确保满足本准则的要求。

5.5.2 用于检测、校准和抽样的设备及其软件应达到要求的准确度，并符合检测和/或校准相应的规范要求。对结果有重要影响的仪器的关键量或值，应制订校准计划。设备（包括用于抽样的设备)在投入服务前应进行校准或核查,以证实其能够满足实验室的规范要求和相应的标准规范。设备在使用前应进行核查和/或校准(见5.6)。

5.5.3 设备应由经过授权的人员操作。设备使用和维护的最新版说明书(包括设备制造商提供的有关手册)应便于合适的实验室有关人员取用。

5.5.4 用于检测和校准并对结果有影响的每一设备及其软件,如可能,均应加以唯一性标识。

5.5.5 应保存对检测和/或校准具有重要影响的每一设备及其软件的记录。该记录至少应包括:

　　a)设备及其软件的识别;

　　b)制造商名称、型式标识、系列号或其他唯一性标识;

　　c)对设备是否符合规范的核查(见5.5.2);

　　d)当前的位置(如果适用);

　　e)制造商的说明书(如果有),或指明其地点;

　　f)所有校准报告和证书的日期、结果及复印件,设备调整、验收准则和下次校准的预定日期;

　　g)设备维护计划,以及已进行的维护(适当时);

　　h)设备的任何损坏、故障、改装或修理。

5.5.6 实验室应具有安全处置、运输、存放、使用和有计划维护测量设备的程序,以确保其功能正常并防止污染或性能退化。

　　注:在实验室固定场所外使用测量设备进行检测、校准或抽样时,可能需要附加的程序。

5.5.7 曾经过载或处置不当、给出可疑结果,或已显示出缺陷、超出规定限度的设备,均应停止使用。这些设备应予隔离以防误用,或加贴标签、标记以清晰表明该设备已停用,直至修复并通过校准或检测表明能正常工作为止。实验室应核查这些缺陷或偏离规定极限对先前的检测和/或校准的影响,并执行"不符合工作控制"程序(见4.9)。

5.5.8 实验室控制下的需校准的所有设备,只要可行,应使用标签、编码或其他标识表明其校准状态,包括上次校准的日期、再校准或失效日期。

5.5.9 无论什么原因,若设备脱离了实验室的直接控制,实验室应确保该设备返回后,在使用前对其功能和校准状态进行核查并能显示满意结果。

5.5.10 当需要利用期间核查以保持设备校准状态的可信度时,应按照规定的程序进行。

5.5.11 当校准产生了一组修正因子时,实验室应有程序确保其所有备份(例如计算机软件中的备份)得到正确更新。

5.5.12 检测和校准设备包括硬件和软件应得到保护,以避免发生致使检测和/或校准结果失效的调整。

【理解与实施】

1."永久控制之外的设备"和"脱离了实验室的直接控制的设备"

(1)"永久控制之外的设备"可以理解为设备本来不是实验室的,现在为实验室所用。比如，实验室租借其他实验室的设备，如果租借其他实验室的设备，那么租借的设备的所有要求等同自己实验室设备的要求。

（2）"脱离了实验室的直接控制的设备"是指该测量设备不在实验室固定场所内，所处环境发生了改变。

主要包括以下三种情况：①用于现场检测的设备，不在实验室固定场所内进行检测；②租或借出的设备，就是将自己实验室的设备租或者借给别人用；③送检、送校的设备，这类情况就是说为什么校准后，设备要进行校准确认的原因之一。

2. "投入服务前"和"设备使用前"的概念问题

"投入服务前"是指仪器设备买来后还没有用，也就是"服役前"先进行验收，因此，校准在前，先送有资质的校准/检定实验室校准/检定，核查购买的仪器设备是否满足订货合同要求。"在投入服务前应进行校准或核查"中间有个或，如果仪器设备制造商提供校准证书，实验室只要核查校准证书是否满足合同要求；如果制造商没有提供校准证书，实验室自己送到有资质的校准/检定实验室校准/检定，满足合同要求后使用。

"设备在使用前应进行核查和/或校准"是指仪器设备每次使用前，先核查仪器设备是否正常，如果正常就可使用，如果不正常就需维修后重新校准后使用，因此核查在前，校准在后。这中间还有一个"和"字，这是指带自校准的仪器设备，既要在使用前核查又要自校准。

3. 实验室仪器设备状态标识

所谓的三色标识是指仪器贴上"绿色"、"黄色"、"红色"三种颜色的标签，以代表仪器"合格"、"限用"、"禁用"的三种状态。

事实上，实验室不用三色标识，只用白色或其他颜色并用文字描述清楚，也是可以的。用不用三色标识，是实验室自己的问题，由实验室自己在程序中规定。

CNAS-CL01对于仪器设备的校准状态没有统一规定，只要实验室仪器设备控制程序中有规定，并按规定操作，评审员没有理由，也没有权利否认实验室的现有做法。

4. 实验室仪器使用的软件是否也要使用唯一性标识

CNAS对软件的要求是：在实验室所使用的软件，被视为实验室的设备。CNAS-CL01对设备的要求也适用于实验室所使用的软件（如软件记录的保存，软件使用前的检查）。据以上要求，在实验室使用的软件也应该有唯一性标识。但是标识可以根据实验室的需要自己确定,相同的系列的软件可以放在一起,方便使用。

5. 设备及软件唯一性标识的建立

唯一性标识建立时需考虑以下几个方面:

(1)应选用科学的分类方法。按功能分类,如计量标准、一般计量器具、实验设备、标准物质、软件等。按量值溯源方式分类,如需检定/校准、进行比对,进行功能性检查等。

(2)设备编号可采用年号+序号+设备类别的组合形式表示。有些量具使用频繁、损坏率高、更新快,如果和其他设备编在一类,可能会造成经常性的空号现象。所以,简单的量具和其他设备应分开。由于测量设备可能在部门之间进行调配,组合机构也可能调整,不宜采用部门代号组合成设备编号。

(3)在对专用配套设备进行标识时,为标明设备为套内组件,对配套设备可以采用唯一性标识后附加套内序号来表示,不再单独编号,尤其是设备自带的软件。

(4)不遗漏。有的测量器具使用普遍,本身没有出厂编号,对这样的计量器具,实验室必须加装固定标牌,给以编号。例如,温度计、玻璃量器、砝码、相对密度计等,可在包装盒上标识。

6. 仪器设备档案

一般实验室都会做仪器设备的档案,仪器设备档案具体要包含哪些内容,准则并没有强制要求,在准则中要求的是设备校准和验证结果的记录。一般来说,仪器设备档案应包括以下内容(实验室可以根据自己的情况做调整):

(1)仪器设备履历表,包括仪器设备名称、型号或规格、制造商、出厂编号、仪器设备唯一性识别号、购置日期、验收日期、启用日期、放置地点、用途、主要技术指标、保管人等。

(2)仪器购置申请、说明书原件、产品合格证、保修单。

(3)验收记录、安装调试报告。

(4)检定、检定记录,仪器设备检定校准的计划,下次校准、检定的时间。

(5)仪器设备操作规程及维护规程(必要时)。

(6)保养维护和运行检查计划。

(7)使用记录(定期归档)。

(8)保养维护记录。

(9)运行检查记录。

（10）损坏、故障、改装或修理的历史记录。

7. 仪器的检定和校准

（1）定义

检定：查明和确认计量器具是否符合法定要求的程序，它包括检查、加标记和（或）出具检定证书。

校准：在规定条件下，为确定测量仪器（或测量系统）所指示的量值，或实物量具（或参考物质）所代表的量值，与对应的由标准所复现的量值之间关系的一组操作。

检定通常是进行量值传递，保证量值准确一致的重要措施。而校准是在规定条件下，给测量仪器的特性赋值并确定示值误差，将测量仪器所指示或代表的量值，按照比较链或校准链，溯源到测量标准所复现的量值上。

（2）相同点

①都是计量器具的评定形式，是确保仪器示值正确的两种重要的方式；②都属于计量范畴。

（3）区别

1）目的不同

检定——对测量仪器进行强制性全面评定，评定计量器具是否符合规定要求，作出是否合格的结论。是自上而下的量值传递过程。

校准——对照计量标准，评定测量仪器示值的准确性，同时可将校准结果（修正值或校准因子）用于测量过程中。是自下而上的量值溯源过程。

2）对象不同

检定——我国计量法明确规定的强制检定的计量器具。

校准——强制性检定之外的计量器具。

3）性质不同

检定——为强制性的执法行为，属于法制计量管理的范畴。

校准——非强制性，为组织自愿的溯源行为。

4）依据不同

检定——国家计量检定规程（JJG）（规定：计量特性、检定条件、检定项目、检定方法、检定结果的处理、检定周期），为法定技术文件。

校准——国家计量技术规范（JJF）（规定：计量特性、校准条件、校准项目、校准方法、校准结果处理、建议复校时间间隔），组织根据实际需要自行制定的校准规范。

5）方式不同

检定——有资质的计量部门或法定授权单位进行。

校准——外校、自校或两者结合。

6）周期不同

检定——按国家计量检定规程规定进行。

校准——可根据使用计量器具使用的频次或风险程度确定校准的周期。可定期校准、不定期校准或在使用前校准。

7）内容不同

检定——按国家计量检定规程，对计量器具全面评定。

校准——项目少于检定，主要针对计量器具的示值误差，一般仅涉及定量试验。

8）结论不同

检定——做出结果判定。合格出具检定证书，不合格出具不合格通知书。

校准——不做结果判定。校准证书或校准报告

9）法律效力不同

检定——具有法律效力。

校准——不具法律效力。

8. 实验室的哪些仪器设备需要检定而不是校准

属国家规定强检的设备，在《中华人民共和国强制检定的工作计量器具目录》中所列的项目，凡用于贸易结算、安全防护、医疗卫生、环境监测四大类117种设备和最高计量标准，必须送县级以上的计量单位，实行强制检定。目录外的其他设备均可进行校准。

9. 如何确定校准周期

为便于确定校准间隔，实验室可绘制测量仪器随时间变化的曲线图。在确定校准周期时，可以根据测量设备的特性和使用情况、测量设备的可靠性指标（R）[一般取$R(t) \geqslant 90\%$]，结合实验室工作特点，本着科学、经济和量值准确的原则，逐台确定。校准间隔不是固定不变的，应根据历次校准合格情况，参考JJF 1139《计量器具检定周期确定原则和方式》进行适当调整（延长或缩短）。

从上面的分析可以看出，仪器校准周期确定是实验室根据自己实验室的实际情

况来确定的,因为只有实验室才最了解实验室仪器的情况。

但是实际操作起来对实验室来说也存在困难,由于实验室同规格型号的测量仪器有限,统计分析有困难,实验室自身也很难确定校准周期,一般可以采取下面的解决办法:

(1)采用固定的校准间隔。例如,对检定的测量仪器,按检定证书确定检定周期。

(2)对校准的测量仪器,若给出建议下次校准时间,一般遵其建议。

(3)若校准证书未给出建议,该测量仪器有相应检定规程的,按检定规程确定。

(4)若无相应检定规程的,则参照同类仪器。这种方法操作方便,当怀疑存在异常时,应及时调整周期。

10. 仪器设备在检定/校准后的确认

仪器设备在检定/校准后的确认,需要从以下三方面对校准设备进行确认:

(1)资格

①计量机构是法定的计量检定机构,如地方县以上计量所或政府部门授权的计量站等,出具的证书上应有授权证书号;②国家实验室认可委认可的校准实验室,出具的校准证书上应有认可标识和证书号。

(2)计量机构的测量能力

①应在授权范围内,出具检定证书;②应在认可范围内,出具校准报告或证书,校准证书应有包括测量不确定度和/或符合确定的计量规范声明的测量。在CNAS有要求时,应能提供该法定计量检定机构或校准实验室校准能力的证明,如依据ISO/IEC 17025国际标准的认可证书及相应认可范围。

(3)溯源性

①测量结果能溯源到国家或国际基准;②满足实验室检测或校准要求。校准实验室提供的校准证书应提供溯源性的有关信息,包括不确定度及其包含因子的说明。

11. 设备的期间核查

实验室并非对所有设备进行期间核查,而仅当需要利用期间核查以保持设备校准状态的可信度时,才按照规定的程序和日程进行。通常设备是否进行期间核查可综合考虑以下几方面的因素:

（1）仪器设备的稳定性

对于稳定性好的仪器设备可不考虑进行期间核查；对于稳定性较差的仪器设备，在适当时间安排期间核查。

（2）仪器设备的校准周期及上次校准的结果

对于实验室识别出校准周期可以较长的仪器设备或上次校准结果不是很理想的仪器设备应在适当时间安排期间核查。对于识别出校准周期短的仪器设备正常情况下，可不考虑安排期间核查。

（3）仪器设备的使用状况和频次

在仪器设备易发生故障时期或排除故障后，不需进行校准时，应考虑安排期间核查。当仪器设备使用频次较高时，应考虑安排期间核查。

（4）仪器设备的使用

经常拆卸、搬运、携带到现场进行检测/校准的设备应在适当时考虑安排期间核查。

（5）仪器设备操作人员的熟练程度

人员的熟练程度不高时，引发仪器设备故障的概率就会增高，甚至有时会影响到仪器设备的稳定性。应考虑安排期间核查并缩小期间核查的间隔。

（6）仪器设备的使用环境

当仪器设备的使用环境较为恶劣时，会影响设备的使用状况，应考虑安排期间核查。

12. 期间核查重点关注的仪器设备

仪器设备的期间核查并不是每一个都要做，有些仪器并不需要做期间核查，下面这十类设备需要在做期间核查的时候重点关注：

（1）对测量结果有重要影响的。

（2）检定或校准周期较长的设备。

（3）频繁使用的。

（4）容易损坏的仪器设备。

（5）性能不稳定的仪器设备。

（6）检测数据有争议、漂移的仪器设备。

（7）易老化的仪器设备。

（8）经常带到现场使用的仪器设备。

（9）贵重的仪器设备。

（10）仪器设备的使用环境较为恶劣，导致了仪器设备的性能可能发生改变的。

13. 仪器期间核查方法及结果判断方法

（1）传递测量法

当对计量标准进行核查时，如果实验室内具备高一等级的计量标准，则可方便地用其对被核查计量标准的功能和范围进行检查，当结果表明被核查的相关特性符合其技术指标时，可认为核查通过。

当对其他测量设备进行核查时，如果实验室具备更高准确度等级的同类测量设备或可以测量同类参数的设备，当这类设备的测量不确定度不超过被核查设备不确定度的1/3时，则可以用其对被核查设备进行检查，当结果表明被核查的相关特性符合其技术指标时，认为核查通过。当测量设备属于标准信号源时，也可以采用此方法。

（2）多台套设备比对法

当实验室有两台（套）以上的设备具有相同测量范围及准确度等级时，可采用多台（套）设备比对的方法。选择一稳定性好的样品，分别用多台（套）设备对该样品的某个参数进行校准，得到测量结果 y_1、y_2、y_3...y_n。采用多台（套）设备测量结果的平均值作为被测量的最佳估计值，即$y=y_1+y_2+\cdots y_n$，该设备应符合下式要求：

$$\left| y_i - \bar{y} \right| \leq \left[n - \frac{1}{n} \right]^{\frac{1}{2}} U_{lab}$$

式中，y_i为第i台（套）仪器的测量结果，n为仪器的台（套）数，U_{lab}为设备的测量不确定度。

（3）两台套设备比对法

当实验室只有两台（套）同类测量设备时，可用它们对核查标准进行测量，选择一稳定性好的样品，分别用两台（套）设备对该样品的某个参数进行校准，得到测量结果y_1、y_2。该设备应符合下式要求：

$$\left| y_1 - y_2 \right| \leq \left[U_1^2 + U_2^2 \right]^{\frac{1}{2}}$$

式中，U_1、U_2分别是仪器1和仪器2的测量结果不确定度。若这两台（套）设备是溯源到同一计量标准，它们之间具有相关性，在评定不确定度时应予考虑。

（4）标准物质法

使用标准物质校准。标准物质在此是个泛指概念，不仅是指某个标准物质，而且还包括标准仪器、参考标准（例如，量块、砝码等）。

用参考标准对需做"期间核查"的设备进行校准：在该设备的有效检定或准证书中，找出最大误差点，在进行"期间核查"的时间间隔内，用参考标准对该点再次进行检定或校准得到误差y。

该设备应符合下式要求：y≤该设备在该点的最大允许误差。

采用此方法时实验室应有对设备进行校准的标准物质——参考标准，即被考核的设备是实验室自行传递的（低一个等级的）。另外，用于期间核查的标准物质应能溯源至 SI，或是在有效期内的有证标准物质。

（5）稳定性实验法或重复测量法（留样再测法）

核查标准是一种标准器（与被考核设备相比要低一个等级），要求其本身稳定性好，而且能反映被考核设备检定或者校准时的状态。当测量设备经检定或校准得到其性能数据后，在其证书中找出最大误差点，立即用留样对核查标准进行测量，把得到的测量值y_1作为参考值。然后在规定条件下保存好该核查标准（留样），并尽可能不作为他用。在进行"期间核查"的时间间隔内，再次用该设备测量核查标准的这个参数，得到y_i。判别准则为：

$$\left| y_1 - y_i \leq \sqrt{2}U \right|$$

式中，U为扣除由系统效应引起的标准不确定度分量后的扩展不确定度。

14. 期间核查的文件和记录

（1）对于期间核查的文件，需要注意以下几点

①实验室的体系文件在岗位职责中，要包括有关期间核查的职责，如哪个岗位的人员负责决定对哪类仪器设备或标准物质实施期间核查，哪个岗位的人员负责实施期间核查。

②实验室的管理体系文件（无论是哪个层次）要规定实施期间核查的条件，并说明对使用的仪器设备、参考标准、基准、传递标准或工作标准以及标准物质等进行识别，明确是否需要开展期间核查，并制定相应的操作程序。

③当体系文件规定要对设备开展期间核查后，实验室要从设备、从稳定性、使用状况、上次校准的情况、使用频次、设备操作人员的熟练程度、设备使用环境等方面

进行分析, 并得出对哪些设备在何种情况下要进行期间核查, 以及期间核查的间隔。

④实验室对需进行期间核查设备进行分析识别的人员的资格, 要有明确的规定。

⑤根据识别出的需进行期间核查的设备, 制订相应的年度期间核查计划, 并由专人负责实施和督查。

（2）对于期间核查记录, 要注意以下几点

①要制订年度期间核查计划, 计划包括实施期间核查的设备、需核查的参数、核查间隔的设置、核查方式等, 计划要经过审批。实验室要指定专人负责, 按照计划实施设备的期间核查。

②实验室应明确专人对期间核查的结果进行分析, 以判定其结果是否出现异常, 是否出现异常趋势需进一步监控。

③期间核查异常现象的判定依据的内容要有文件规定。当期间核查的结果表明设备出现偏差, 应根据情况对设备进行维护调试, 或将设备送至校准机构进行校准。还应分析偏差对以前测试产生的影响, 启动不符合工作程序和/或纠正措施程序。

15. 如何防止实验室缺陷设备的误用

在认可准则5.5.7中, 缺陷设备被界定为"管理过载或处置不当、给出可疑结果, 或已显示出缺陷、超出规定限度的设备"。缺陷设备的误用将造成检测/校准结果错误, 为防止误用, 实验室可采用以下方法和手段。

（1）对缺陷设备实施现场隔离

将缺陷设备撤离检测/校准现场, 集中放置于某处; 或者将缺陷设备撤离原位, 置于实验室房间的一角, 设置隔离障碍物以布遮掩, 并加以"此处设备禁止使用"的标识。

（2）对不满撤离现场的缺陷设备使用明显警示标识

对不便搬运、无法隔离放置的大型设备应设立标牌警示检测/校准人员, 例如, 用较大的红色字体标注"设备故障, 禁止使用"或"待修"。

（3）采用技术手段防止缺陷设备的误用

建立共同数据库的校准证书管理系统和测量设备管理系统。当校准人员编制校准证书时, 测量设备的信息通过计算机网络从数据库中自动采集。如果发现设备故障, 就拒绝校准人员向证书中输入数据, 并显示相关提示信息, 譬如"测量设备存在故障"等, 这样通过一个联网的计算机系统就可防止缺陷设备的误用。有的实验室已经采用了这一办法。

16. 如何核查设备故障对之前的结果影响

设备出现故障,不光要修好设备,还要核查故障设备对以前数据的影响,因为设备可能在发现故障之前就有这种故障的"趋势"。准则5.5.7条规定"当设备曾经过载或处置不当、给出可疑结果,或已显示出缺陷、超出规定限度,应核查这些缺陷对先前的检测/校准的影响"。

这种核查主要是通过查阅设备使用记录,获知该台设备开展了哪些检测/校准活动,然后用经过调整、修理后经检定或校准合格的设备与原先测量数据进行比较、分析,以评估设备缺陷对先前检测或校准的影响,按不符合控制程序、纠正措施程序采取相应措施,最大程度减少由此给客户带来的影响。

如因设备故障造成报告出错,实验室应通知客户并收回报告,另外出具一份正确报告。

17. 租用、借用设备能否申请认可

CNAS不允许实验室使用借用设备申请、获得认可,租用设备可以申请、获得认可,但是需要满足下列条件:

(1)租用设备的管理纳入实验室的管理体系。

(2)实验室必须能够完全支配使用,即①租用的设备由被评审实验室的人员进行操作;②被评审实验室对租用的设备进行维护,并能控制其校准状态;③被评审实验室对租用设备的使用环境、设备的贮存应能进行控制等。

(3)有设备租赁合同及实验室的相关控制记录。

(4)设备的租赁期限要至少能够保证实验室在认可期限内使用。

(5)同一台设备不允许在同一时期被不同机构租用而获得认可。

18. 修正值和修正因子

(1)修正值

用代数方法与未修正测量结果相加,以补偿其系统误差的值,称为修正值。

有误差的测量结果,加上修正值后就可能补偿或减少误差影响。也就是说,加上某修正值,就像扣除掉某个测量误差的效果是一样的,只是人们考虑问题的出发点不同而已:真值=测量结果+修正值=测量结果-误差。

在准确的测量和量值传递中,常常采用加修正值的直观方法。用高一等级的计量标准来检定测量器具,其主要内容之一就是要获得准确的修正值。

(2)修正因子

为补偿系统误差而与未修正测量结果相乘的数字因子,称为修正因子。

含有系统误差的测量结果，乘以修正因子后就可以补偿或减少误差影响。比方由于等臂天平的不等臂误差、线性标尺分度时的倍数误差所带来的测量结果中已定的系统误差，均可以通过乘一个修正因子得以补偿。

但应该注意的是由于系统误差不能完全获知，因此，修正值和修正因子的补偿是并不完全的。

第六节　测量溯源性

【标准条款】

5.6.1　总则

用于检测和/或校准的对检测、校准和抽样结果的准确性或有效性有显著影响的所有设备，包括辅助测量设备（例如用于测量环境条件的设备），在投入使用前应进行校准。实验室应制定设备校准的计划和程序。

注：该计划应当包含一个对测量标准、用作测量标准的标准物质（参考物质）以及用于检测和校准的测量与检测设备进行选择、使用、校准、核查、控制和维护的系统。

5.6.2　特定要求

5.6.2.1　校准

5.6.2.1.1　对于校准实验室，设备校准计划的制定和实施应确保实验室所进行的校准和测量可溯源到国际单位制（SI）。

校准实验室通过不间断的校准链或比较链与相应测量的SI单位基准相连接，以建立测量标准和测量仪器对SI的溯源性。对SI的链接可以通过参比国家测量标准来达到。国家测量标准可以是基准，它们是SI单位的原级实现或是以基本物理常量为根据的SI单位约定的表达式，或是由其他国家计量院所校准的次级标准。当使用外部校准服务时，应使用能够证明资格、测量能力和溯源性的实验室的校准服务，以保证测量的溯源性。由这些实验室发布的校准证书应有包括测量不确定度和/或符合确定的计量规范声明的测量结果（见5.10.4.2）。

注1：满足本准则要求的校准实验室即被认为是有资格的。由依据本准则认可的校准实验室发布的带有认可机构标志的校准证书，对相关校准来说，是所报告校准数据溯源性的充分证明。

注2：对测量SI单位的溯源可以通过参比适当的基准（见VIM：1993.6.4），或参比一个自然常数来达到，用相对SI单位表示的该常数的值是已知的，并由国际计量大会（CGPM）和国际计量委员会（CIPM）推荐。

注3：持有自己的基准或基于基本物理常量的SI单位表达式的校准实验室，只有在将这些标准直接或间接地与国家计量院的类似标准进行比对之后，方能宣称溯源到SI单位制。

注4："确定的计量规范"是指在校准证书中必须清楚表明该测量已与何种规范进行过比对，这可以通过在证书中包含该规范或明确指出已参照了该规范来达到。

注5：当"国际标准"和"国家标准"与溯源性关联使用时，则是假定这些标准满足了实现SI单位基准的性能。

注6：对国家测量标准的溯源不要求必须使用实验室所在国的国家计量院。

注7：如果校准实验室希望或需要溯源到本国以外的其他国家计量院，应当选择直接参与或通过区域组织积极参与国际计量局（BIPM）活动的国家计量院。

注8：不间断的校准或比较链，可以通过不同的、能证明溯源性的实验室经过若干步骤来实现。

5.6.2.1.2　某些校准目前尚不能严格按照SI单位进行，这种情况下，校准应通过建立对适当测量标准的溯源来提供测量的可信度，例如：

——使用有能力的供应者提供的有证标准物质（参考物质）来对某种材料给出可靠的物理或化学特性；

——使用规定的方法和/或被有关各方接受并且描述清晰的协议标准。可能时，要求参加适当的实验室间比对计划。

5.6.2.2　检测

5.6.2.2.1　对检测实验室，5.6.2.1中给出的要求适用于测量设备和具有测量功能的检测设备，除非已经证实校准带来的贡献对检测结果总的不确定度几乎没有影响。这种情况下，实验室应确保所用设备能够提供所需的测量不确定度。

注：对5.6.2.1的遵循程度应当取决于校准的不确定度对总的不确定度的相对贡献。如果校准是主导因素，则应当严格遵循该要求。

5.6.2.2.2　测量无法溯源到SI单位或与之无关时，与对校准实验室的要求一样，要求测量能够溯源到诸如有证标准物质（参考物质）、约定的方法和/或协议标准（见5.6.2.1.2）。

5.6.3　参考标准和标准物质（参考物质）

5.6.3.1　参考标准

实验室应有校准其参考标准的计划和程序。参考标准应由5.6.2.1中所述的能够提供溯源的机构进行校准。实验室持有的测量参考标准应仅用于校准而不用于其他目的，除非能证明作为参考标准的性能不会失效。参考标准在任何调整之前和之后均应校准。

5.6.3.2　标准物质（参考物质）

可能时，标准物质（参考物质）应溯源到SI测量单位或有证标准物质（参考物质）。只要技术和经济条件允许，应对内部标准物质（参考物质）进行核查。

5.6.3.3　期间核查

应根据规定的程序和日程对参考标准、基准、传递标准或工作标准以及标准物质（参考物质）进行核查，以保持其校准状态的置信度。

5.6.3.4 运输和储存

实验室应有程序来安全处置、运输、存储和使用参考标准和标准物质（参考物质），以防止污染或损坏，确保其完整性。

注：当参考标准和标准物质（参考物质）用于实验室固定场所以外的检测、校准或抽样时，也许有必要制定附加的程序。

【理解与实施】

1. 仪器设备使用参数与校准参数不同时处理实例

一烘箱，校准证书给出了100℃、120℃、140℃三点的校准结果，而日常工作中使用105℃、135℃两个点，这种情况可做如下处理：

（1）可以根据工作需要要求校准机构对实验室中常用的点做校准，比如对105℃、135℃两个点重新做校准。

（2）可以根据烘箱温控的特性，对已经校准的100℃、120℃、140℃三点进行线性或非线性拟合，用内插法计算105℃处的校准结果，其他点依次类推；

对于其他的仪器设备校准我们可以使用相同的方法。

2. 量值溯源和量值传递

量值溯源：通过使用不同等级的基准（标准物质、参考标准等），按准确度由低到高，逐级进行量值的追溯，直到国际基本单位，这一过程称为量值的"溯源过程"。

量值传递：与量值溯源相反，从国际基本单位用不同等级的基准由高至低进行量值传递，最终至实际测量现场的过程，称"传递过程"。

量值溯源和量值传递，形成了测量的完整的"溯源—量传"体系。在整个溯源链中，基准起着复现量值、传递测量不确定度和实现测量准确一致的至关重要的作用。量值溯源和量值传递是一个相反的过程。

量值溯源和量值传递比较图

	量值溯源	量值传递
目的	使检测结果保持准确，使测量器具与国家测量基准的量值相联系	
手段	通过比较链	通过检定或校准
特点	方式多样化，灵活	方式单一，不灵活
性质	单位自愿行为	政府法定行为
途径	自下而上	自上而下
等级要求	可越级溯源	强调逐级传递
关注重点	"数据"的准确性	"量具"准确性

3．量值溯源、量值溯源体系和量值溯源等级图的概念

通过一条具有规定不确定度的不间断的比较链,使测量结果或测量标准的值能够与规定的参考标准(通常是国家计量基准或国际计量基准)联系起来的特性,称为量值溯源。

量值溯源体系就是这条有规定不确定度的不间断比较链。

量值溯源等级图,也称为量值溯源体系表,它是表明测量仪器的计量特性与给定量的计量基准之间关系的一种代表等级顺序的框图。它对给定量及其测量仪器所用的比较链进行量化说明,以此作为量值溯源性的证据。

在一个国家内,对给定量的测量仪器有效的一种溯源图为国家溯源等级图,包括推荐(或允许)的比较方法或手段。在我国,也称国家计量检定系统表。

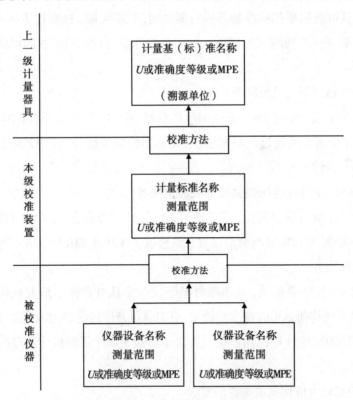

校准实验室通常采用量值溯源框图校准实验室

4．量值溯源的途径与要求

(1)由CNAS认可的校准实验室所提供的计量标准应当具有溯源性。

(2)CNAS承认我国计量基(标)准量值溯源的有效性。

（3）已认可机构可以通过多种途径直接或间接实现量值溯源,包括：

①对外开展校准服务的校准实验室建立的最高计量标准（参考标准）,应通过使用校准实验室或法定计量检定机构所建立的适当等级的计量标准的定期检定或校准,确保量值溯源至国家计量基（标）准。

②已认可机构建立的其他等级的计量标准和工作计量器具,应当按照国家量值溯源体系的要求,将量值溯源至本单位或者本部门的最高计量标准（即参考标准）,进而溯源至国家计量基（标）准；也可以送至被认可的校准实验室或法定计量检定机构,通过使用相应等级的计量标准或社会公用计量标准进行定期计量检定或校准实现量值溯源；必要时,还可以将量值直接溯源至工作基准、国家副计量基准或国家计量基准。

③当已认可机构使用标准物质进行测量时,只要可能,标准物质必须追溯至SI测量单位或有证标准物质,CNAS承认经国务院计量行政部门批准的机构提供的有证标准物质。

（4）特殊情况下的量值溯源

当溯源至国家计量基（标）准或国际计量基（标）准不可能或不适用时,则应溯源至公认实物标准,或通过比对试验、参加能力验证等途径,证明其测量结果与同类实验室的一致性。

5. CNAS承认哪些机构提供校准或检定服务

（1）中国计量科学研究院,或其他签署国际计量委员会（CIPM）《国家计量基（标）准和NMI签发的校准与测量证书互认协议》（CIPM-MRA）的NMI在互认范围内提供的校准服务。

（2）获得CNAS认可的,或由签署国际实验室认可合作组织互认协议（ILAC-MRA）的认可机构所认可的校准实验室,在其认可范围内提供的校准服务。

（3）我国的法定计量机构依据相关法律法规对属于强制检定管理的计量器具实施的检定。

6. 境外已认可机构量值溯源的要求

（1）境外已认可机构的量值应能溯源至BIPM（国际计量局）框架下,签署MRA（互认协议）并能证明可溯源至SI国际单位制的国家或经济体的最高计量基（标）准。

（2）CNAS承认APLAC、ILAC多边承认协议成员所认可的校准实验室的量值溯源性。

（3）当境内已认可机构的进口设备无法溯源到中国国家基准时，应提供有效的证明以证实其量值能够溯源至满足要求的境外计量基准。

7. 量值溯源的步骤和无法溯源的措施

（1）量值溯源的步骤或方法有以下三种

①直接引用国家计量院量值溯源图，然后对本部门的量值进行分析，在溯源图上找到它相应的位置，再对照上级检定部门的资质证明，在溯源图上也要找到它相应的位置。这种情况可以认定为实现了量值溯源。

②如果本部门的量值达不到计量院溯源图的最低量值级别，而上级检定部门在该溯源图上有其相应的位置，那么该检测部门可以在原溯源图相应最低量值级别的下方增加本部门量值传递框图，这样也可以认为实现了量值溯源。

③如果本部门的量值与上级检定单位的量值属同一级别，无法溯源时，采用比较的方法进行验证，也可以证明其量值的准确性和稳定性。但这不属于量值溯源，仅属于量值的比对。

（2）实现量值溯源的形式及无法溯源时的措施

①检定/校准：主要是对通用仪器和专用仪器中通用部门的检定/校准，依据的方法是国家或行业的检定规程，或者是部门编制的校验规程。检定/校准人员应由国家计量授权部门或授权人员进行。

②自校：主要是对专用仪器的行业检定规程或实验室自编的专用仪器校验规程中政府授权检定机构无法检定/校验的部分进行自校。

③能力验证：属于同类实验室进行的相关项目、相关参数的共同测试，其结果可以间接验证量值的准确性。

④比对：属于无法直接实现量值溯源时的一种计量方式，是对不同计量器具进行的同参数、同量程的相互比对。

8. 内部校准和自校准的区别

内部校准和自校准是两个概念，自校准的检测实验室，现在国际上已经改为内部校准的检测实验室。用"内部校准"代替习惯称的"自校准"。

内部校准（In-house Calibration或InternalCalibration）是指实验室内部按照规定的方法和要求对自己开展的检测或校准活动使用的测量设备进行的校准活动。

自校准（Self-Calibration）一般是利用测量设备自带的校准程序或功能（比如，

智能仪器的开机自校准程序）进行的校准活动。

如果检测实验室只做检测，申请认可只需申请检测项目，CNAS评审组中只安排检测专业的评审员。

如果有内部校准的检测实验室，除了检测以外，还对自己的仪器设备进行内容校准，因此，在申请认可时既要申请实验室认可，还需申请内部校准实验室，CNAS评审组中会安排对应的校准专业的评审员对内部校准部分进行评审。

如果进行内部校准的实验室不同时申请内部校准实验室，那么内部校准涉及的检测项目CNAS不予认可。

9. 关于实验室内部校准的要求

在某种程度上，内部校准的实验室要求并不低于外部校准，所以提"内部校准"时一定要慎重，一定是实验室满足内部校准的要求时，再提内部校准。"内部校准"过去称"自校准"。

关于内部校准CNAS规定：

（1）实验室对使用的测量设备实施内部校准的，其体系文件应覆盖CNAS-CL01《检测和校准实验室认可准则》和CNAS-CL25《检测和校准实验室认可准则在校准领域的应用说明》的要求。

（2）实施内部校准的人员，应经过相关计量知识、校准技能等必要的培训、考核合格并持证或经授权。

（3）实验室实施内部校准的校准环境、设施应满足校准方法的要求。

（4）实施内部校准使用的标准设备（含标准物质/标准样品）应满足以下要求：

①实验室应按照校准方法要求配备标准设备和辅助设备；②标准设备的准确度等级（或最大允许误差）一般应优于被校准设备的3~5倍，个别专业要达到10倍；③标准设备应经校准或检定；④一般情况下，标准设备不允许内部校准。

（5）校准实验室的主要校准设备、对校准结果有显著影响的设备，一般情况下不允许内部校准。

（6）内部校准所用方法，应优先用标准方法（国际、国家、行业、区域组织等发布的方法），当没有标准方法时，可以使用自编方法、测量设备制造商推荐的方法等非标方法。当使用非标方法时，应经过验证和确认。非标方法的技术要素应符合《国家计量校准规范编写规则》（JJF 1071-2000）的规定。当使用外部非标方法时，实验室应将其转化为实验室文件。

（7）内部校准的校准证书可以简化，或不出具证书，但校准记录的信息应符合校准方法和认可准则的要求，如应包含测量不确定度、环境条件、标准仪器溯源信息等，并满足对被校设备计量确认的需要。

（8）实验室的质量控制程序、质量监督计划应覆盖内部校准活动。

（9）相关法规规定属于强制检定管理的测量设备，应按规定检定，且其检定周期、检定项目应符合检定规程的规定。

满足以上要求实验室才能实施内部校准。

10. 如何确定校准时间间隔

校准时间间隔称为校准周期，它取决于测量风险和经济因素，简单来说，测量仪器在使用中超出最大允许误差的风险应当尽量小，而校准费用应当最少，就是使风险和费用两者的平衡达到最佳化。

在确定测量仪器校准间隔时需要考虑：

（1）相关计量检定规程对检定周期的规定。

（2）在进行型式批准时有关部门的要求或建议。

（3）制造厂商的要求或建议。

（4）使用的频繁程度。

（5）维护和使用的情况（例如是否出现过重大维修）。

（6）磨损和漂移量的趋势。

（7）环境的严酷度及其影响（例如，腐蚀、灰尘、振动、频繁运输和粗暴操作）。

（8）实验室追求的测量准确度。

（9）期间核查和功能检查的有效性和可靠性。

11. 参考标准、工作标准、标准物质和有证标准物质

（1）参考标准是参考测量标准的简称，它是在给定组织或给定地区内指定用于校准同类量工作测量标准的测量标准。

（2）工作标准是工作测量标准的简称，它是用于日常校准或验证测量仪器或测量系统的测量标准。

①工作测量标准通常用参考测量标准校准；②当与验证相关时，有时也使用核查标准或控制标准这两个术语。

（3）标准物质缩写为RM，它是用于校准、对其他物质赋值或标称特性检查，具

有一种或多种足够均匀和稳定特性的物质。

①标称特性的检查提供一个标称特性值及其不确定度。该不确定度不是测量不确定度。

②未赋值的标准物质可用于监控测量精密度,只有具有赋值的标准物质可用于校准或监控测量正确度。

③"标准物质"由包含量及标称特性的物质组成。

④有时将标准物质与特制的装置组合使用。

⑤有些标准物质具有赋予的量值,这些量值计量溯源到制外单位的测量单位,如包含疫苗的物质计量溯源到由世界卫生组织规定的国际单位(IU)。

⑥在给定的测量中,标准物质或用于校准或用于质量保证。

⑦标准物质的技术规范应该包括其物质的溯源性,指出其来源和过程。

⑧测量过程在ISO/REMCO的定义与 ISO 15189: 2007 3.4中的检验意思相近。检验包含了定量测量和定性检验。

(4)有证标准物质缩写为CRM,它是附有权威机构出具的证书,其中说明使用有效程序获得具有相关不确定度和溯源性的一个或多个特性值的标准物质。

①文件是以证书的形式给出(参见ISO指南31: 2000)。

②有证标准物质的制备和审定程序(参见ISO指南34和ISO指南35)。

③在定义中,"不确定度"包含"测量不确定度"和"标称特性值不确定度"两个含义,这样做是为了一致和连贯。"溯源性"既包含量值的"计量溯源性",也包含"标称特性值的追溯性"。

④有证标准物质的特定量值要求带有与测量不确定度有关的计量溯源性。

⑤ 在ISO/REMCO中有类似的定义,可使用计量的形容词和副词来修饰量与标称特性值。

12. 标准物质的期间核查

标准物质必须根据实验室规定的程序和日程进行期间核查,以保持其校准状态的置信度。标准物质分为有证标准物质和非有证标准物质。

(1)有证标准物质

有证标准物质是附有认定证书的标准物质,其一种或多种特性量值用建立了溯源性的程序确定,使之可溯源至准确复现的表示该特性值的测量单位,每一种认定的特性量值都附有给定置信水平的不确定度。所有有证标准物质都需经国家计量行政主管部门批准、发布。有证标准物质在研制过程中,对材料的选择、制备、稳定性、均匀性、检测、定值、贮存、包装、运输等均进行了充分的研究,为了保证标准物质量值的准确可靠,研制者一般都要选择6至8家的机构共同为标准物质进行测量、定值。

对于有证标准物质的期间核查,实验室在不具备核查的技术能力时,可采用以下方式核查,以确保标准物质的量值为证书所提供的量值。

①是否在有效期内;②是否按照该标准物质证书上所规定的适用范围;③使用说明、测量方法与操作步骤是否符合要求;④储存条件和环境要求是否符合要求。

若上述情况的核查结果完全符合要求,实验室无需再对该标准物质的特性量值进行重新验证;如果发现以上情况出现了偏差,实验室则应对标准物质的特性量值进行重新验证,以确认其是否发生了变化。

(2)非有证标准物质

非有证标准物质是指未经国家行政管理部门审批备案的标准物质,包括:参考(标准)物质、质控样品、校准物、自行配置的标准溶液、标准气体等。

对于非有证标准物质可采用以下方式核查:

①定期用有证标准物质对其特性量值进行期间核查。

②如果实验室确实无法获得适当的有证标准物质时,可以考虑采用下列方法进行核查:

——通过实验室间比对确认量值;

——送有资质的校准机构进行校准;

——测试近期参加过能力验证结果满意的样品;

——检测足够稳定且不确定度与被核查对象相近的实验室质量控制样品。

13. 实验室标准物质管理的几点建议

标准物质和标准溶液标识管理是标准物质管理中较为烦琐的一个工作内容,也是易被检测人员忽视的内容。各检测实验室应依据自身的实际情况,制定适合自身管理要求的标准物质、标准溶液标识管理方式,以有效防止标准物质、标准溶液的误用,并确保检测结果的可溯源性。

(1)不应将标准物质编号、生产批号或生产日期作为实验室标准物质的管理编号。这是因为对实验室来说,标准物质编号、生产批号或生产日期均不具唯一性,如同一编号的标准物质有不同的生产批号,同样同一批号的标准物质又有不同的标准物质。

（2）为防止管理编号过于复杂,同时购入同一编号、批号的多份标准物质时,由于其处于相同的保存条件,因此可将其视为同一件标准物质,并使用同一管理编号。

（3）不同时间购入同一编号、批号的标准物质时,由于其保存条件可能有所不同,因此应将其视为不同的标准物质,并使用不同的管理编号。

（4）标准物质或标准溶液的管理编号必须同时标记于相应的证书或配制记录上,以确保其形成一一对应的关系,并方便日后需要时进行溯源。

（5）粘贴标识时不应覆盖标准物质标签（由生产者粘贴）或试剂标签的有效部位,以方便检测人员查阅并验证相关的信息。

（6）标准物质过期停用后,使用该标准物质所配制的标准贮存溶液或应用溶液也必须同时停用。

（7）对某一标准物质或标准溶液的量值是否准确产生怀疑时,建议直接将其从合格状态转换为停用状态,而不必再进行相应的确认试验。这是因为在实验室存放的标准物质数量一般均有限,做确认试验的成本往往会接近或超过重新购买或配制1份标准物质或标准溶液的成本,且实验室自身确认的结果其可靠性也不强。

（8）检测原始记录中标准物质的溯源信息必须注明标准物质或标准溶液的管理编号,以方便日后需要时进行溯源。

（9）标准物质、标准溶液标识应与标准物质、标准溶液标签相区别。前者需根据情况的变化及时变更有关内容（标识转换）,而后者则可固定不变。

14. 应用于内部质量控制的有证标准物质应满足的要求

（1）标准物质的量值水平、分类水平与预期的使用水平相适应

例如,化学标准物的含量超出实验系统范围,实验结果将不会正确;微生物实验室欲检出圣保罗沙门氏菌,使用的标准菌株是沙门氏菌,没有血清型分类,不能引导实验完成。

（2）标准物质的存在形式特别是使用形式与待测样品应尽可能接近

标准物质的使用形式如果与待测样品不一致,势必造成实验方法不同,至少是制备样品的方法不同,这样的两个实验结果中包含了由于方法不同而带来的波动,

干扰了对实验质量的评价。如果样品的存在形式与使用形式不同，在形成的转化中应保证标准物质定性定量性质的变化应小于实验系统的波动。例如，微生物菌种以牛奶管的保存形式转变成悬浮液的供试形式，在转接中应保证菌种不能丢失、变异、被其他菌种污染。

（3）标准物质的使用应在其注明的有效期内，并符合贮存条件

供试性能随时间变化的标准物质对有效期都有明确的规定，有些标准物质是用使用次数来规定有效期的。无论是哪种形式，使用标准物质应严格限定在有效范围中，超过这个范围会导致错误结论。贮存条件不符合要求可能直接导致标准物质失效。

（4）标准物质的不确定度应与方法或客户的要求相适应，有量值的标准物质一般按准确度1/3的原则选用

标准物质分析结果的控制线，一般是标准物中一组分单次分析结果在其给定参考值的2倍标准差范围。

$$\left| \frac{\bar{x} - x_{RM}}{s_{\bar{x}}} \right| \leq 2$$

x_{RM}——标准物的参考值；

$\bar{x}$——某一组分分析结果值；

$s_{\bar{x}}$——标准差；

2—表示包含概率取95%。

15. 常见基准物质的要求

（1）标定实验用的基准物质需符合以下要求。

（2）用作基准物的物质，应该非常纯净，纯度至少在99.9%以上。

（3）组成与其化学式完全相符。

（4）稳定，不易被空气所氧化，也不易吸收空气中的水分和CO_2等。

（5）在进行干燥时组成不变，尽量避免使用带结晶水的物质。

（6）被标定的物质之间的反应有确定的化学计量关系，反应速度要快。

（7）具有较大摩尔质量的物质（可以减小称量误差）。

第七节 抽 样

【标准条款】

5.7 抽样

5.7.1 实验室为后续检测或校准而对物质、材料或产品进行抽样时,应有用于抽样的抽样计划和程序。抽样计划和程序在抽样的地点应能够得到。只要合理,抽样计划应根据适当的统计方法制定。抽样过程应注意需要控制的因素,以确保检测和校准结果的有效性。

注1:抽样是取出物质、材料或产品的一部分作为其整体的代表性样品进行检测或校准的一种规定程序。抽样也可能是由检测或校准该物质、材料或产品的相关规范要求的。某些情况下(如法庭科学分析),样品可能不具备代表性,而是由其可获性所决定。

注2:抽样程序应当对取自某个物质、材料或产品的一个或多个样品的选择、抽样计划、提取和制备进行描述,以提供所需的信息。

5.7.2 当客户对文件规定的抽样程序有偏离、添加或删节的要求时,这些要求应与相关抽样资料一起被详细记录,并被纳入包含检测和/或校准结果的所有文件中,同时告知相关人员。

5.7.3 当抽样作为检测或校准工作的一部分时,实验室应有程序记录与抽样有关的资料和操作。这些记录应包括所用的抽样程序、抽样人的识别、环境条件(如果相关),必要时有抽样位置的图示或其他等效方法,如果合适,还应包括抽样程序所依据的统计方法。

【理解与实施】

1. 抽样

抽样是一种规定的程序,从产品的整体中抽取一部分作为整体的代表性样品的活动。

本准则1.2条规定,当实验室不从事抽样活动时,抽样这一要素可以剪裁,但只要今后还有可能涉及抽样,作为过程的接口,还是建议予以保留,不要轻易剪裁。若要剪裁,需有充分的理由,且在管理体系文件中予以描述。

若实验室不从事抽样活动,或者不直接负责抽样,或者不能保证从批量产品中抽取的样品真正具有代表性,实验室可在检测报告或校准证书上作出"本结果仅与被检测或被校准物品有关"的声明。一方面可规避风险,保护自己;另一方面也向社会或客户表明客观事实和情况,以防结果被误用。

2. 抽样的关键控制点

（1）代表性

使用适当的统计技术,保证被抽取的样品能够代表整体。

（2）抽样人员的能力

指派经过专门培训、具备资格和授权的有能力的人员,按照批准的抽样程序进行抽样,并按照人员监督要求对抽样人员实施有效的监督。在抽样的工作地点,抽样人员应能获得抽样的程序和计划。

（3）抽样设备的能力

提供抽样所需要的设备和辅助设备,这些设备按照设备和测量溯源性管理要求管理,并符合抽样程序和抽样计划的要求。

（4）设施和环境条件

对离开固定场所的抽样,提供符合抽样程序和方法要求的设施和环境条件。

（5）样品的识别

每个样品应加上客户识别和（或）实验室识别独特和清晰的标识,用作样品识别的标识应该牢固、清晰。注意标识的施加方法和部位,比如不要把标识贴在样品桶的盖或罩子上。

（6）样品处置和保护

对抽样活动,提供合适的容器和保护。容器不会渗漏及不受外界污染物渗透。在某些情况下可能有需要对盛载样品的容器进行事先检查,确保容器不受污染。对微生物抽样,使用消毒设备以保证无菌取样,记录并监控采样地点的环境状况,如空气污染度和温度等。对卫生检疫抽样活动应确保样品中的病原体不传播扩散,并有措施有效控制交叉污染。

对样品的运送,要考虑运输过程的时间以及储存和保护的规定。如有标明,则样品运送实验室期间和进行检测之前应保存于特定温度或其他容许的环境参数范围内。某些检测项目应当对标本送检过程实施监控,如卫生检疫抽样。

（7）接受条件、时间、日期和地点

需要控制样品的接受条件、时间、日期和地点等因素。如某些卫生检疫检测项目抽检应告知需要空腹检查的抽样要求,保证抽样样品的有效性。

（8）偏离处理

当客户对文件规定的抽样程序有偏离、添加和删节的要求时,应详细记录这些要求和相关的抽样资料,并记入包含检测或校准结果的所有文件中,同时将此告知相关人员。

3. 实验室不涉及的要素是否需要在质量手册中规定，是否需要内审

实验室没有涉及准则的要素（如抽样、内校），最好是留在质量手册中，起到一个预防的作用，现在没有可能以后会有。如果没有，一旦发生就需修订质量手册，增加这部分内容；如果有，一旦发生可以直接运用，不用修订质量手册。

如果不涉及的要素（如抽样、内校），内部审核是否需要查？答案是：不管有没有都需查，内审去查执行情况，如果真的没有就填"不适用"；如果查出"有"而文件又没有规定，就出具不符合报告。

第八节　检测和校准物品的处置

【标准条款】

5.8　检测和校准物品（样品）的处置

5.8.1　实验室应有用于检测和/或校准物品的运输、接收、处置、保护、存储、保留和/或清理的程序，包括为保护检测和/或校准物品的完整性以及实验室与客户利益所需的全部条款。

5.8.2　实验室应具有检测和/或校准物品的标识系统。物品在实验室的整个期间应保留该标识。标识系统的设计和使用应确保物品不会在实物上或在涉及的记录和其他文件中混淆。如果合适，标识系统应包含物品群组的细分和物品在实验室内外部的传递。

5.8.3　在接收检测或校准物品时，应记录异常情况或对检测或校准方法中所述正常（或规定）条件的偏离。当对物品是否适合于检测或校准存有疑问，或当物品不符合所提供的描述，或对所要求的检测或校准规定得不够详尽时，实验室应在开始工作之前问询客户，以得到进一步的说明，并记录下讨论的内容。

5.8.4　实验室应有程序和适当的设施避免检测或校准物品在存储、处置和准备过程中发生退化、丢失或损坏。应遵守随物品提供的处理说明。当物品需要被存放或在规定的环境条件下养护时，应保持、监控和记录这些条件。当一个检测或校准物品或其一部分需要安全保护时，实验室应对存放和安全作出安排，以保护该物品或其有关部分的状态和完整性。

注1：在检测之后要重新投入使用的测试物，需特别注意确保物品的处置、检测或存储/等待过程中不被破坏或损伤。

注2：应当向负责抽样和运输样品的人员提供抽样程序，以及有关样品存储和运输的信息，包括影响检测或校准结果的抽样因素的信息。

注3：维护检测或校准物品安全的理由是出自记录、安全或价值，或是为了日后进行补充的检测和/或校准。

【理解与实施】

1. 如何有效管理实验室的样品

（1）明确人员职责

谁负责收样品并移交给检测室,谁负责样品的检测,谁负责样品的储存,谁负责样品管理情况的督查,都要在文件中规定清楚。

（2）抽（采）样管理

要根据委托方的要求与本中心的能力,进行合同评审,包括抽样的评审,抽（采）样要确保科学、公正。所得样品应具有代表性或可获性,并保持完整。

（3）样品的接收、识别

接收客户送检样品时,应根据客户的检测需求,查验样品与资料的完整性、符合性以及确认样品的可检性,对样品进行唯一性标识与检测状态标识,记录登记,并将样品与委托单移交检测室。

样品检测状态标识包括:"待检"是指样品处于待检状态,"在检"是指该样品正在检测中,"已检"是指该样品已经检测完毕,"备查"是指该样品留作必要时复检之用。

（4）样品的流转

样品按流转顺序流转,每一个"接口"交接签署时,应检查样品数量与状态。样品在制备、测试、传递过程中,应避免非检测性损坏或丢失等检测意外的发生。如发生意外,应予以说明,进行补救。

（5）样品的贮存

样品贮存于专用样品室,专人管理,限制出入。根据样品性质的不同,分类存放,确保安全、不污染、不变质,物账相符。

样品管理要做到防火、防盗、不丢失、不混淆、不变质、不损坏。对样品信息保密。留样期内的不挪作他用。

（6）样品的处置

规定样品保留期,留样期满,填写样品处置单,经负责人审批,进行处置。

受检方需领回样品时,登记、核对,并签字。

2. 如何建立检测/校准物品的标识系统

为防止检测/校准物品发生混淆,提高实验室工作的准确性,对物品进行恰当的标识是十分重要的。物品标识系统包括唯一性标识、检测/校准状态标识两类。

（1）唯一性标识

一般用数字加字母表示。标识应考虑样品的细分和转移,如为成套仪器设备时,需要细分,细分可以在唯一性标识后面加"-1"、"-2"或"-a"、"-b"。

（2）检测/校准状态标识

一般有待检/校、已检/校和留样三种状态,可用红、黄、绿三色或用方框中划线或用区域划分。

3. 如何记录物品接收时的状态

接收状态主要描述两点:

（1）与客户要求、检测或校准方法中所述正常（或规定）条件的偏离及异常情况。物品接收人员可通过查看外观、数量、零配件、附件、资料以及对设备进行通电检测等方法获知这些信息。

（2）如果存在疑问,或当物品不符合所提供的描述,或对所要求的检测或校准规定得不够详尽时,实验室应在开始工作之前问询客户,以得到进一步的说明,并记录下讨论的内容。

4. 实验室测试后的样品要保留多久

检测完毕样品保存多久CNAS没有具体规定,原来国家抽查规定保留3个月。具体留样时间应在检测合同（委托单）上双方约定。国家、地方有规定按规定执行,没有规定双方约定。

第九节　检测和校准结果质量的保证

【标准条款】

5.9　检测和校准结果质量的保证

5.9.1　实验室应有质量控制程序以监控检测和校准的有效性。所得数据的记录方式应便于可发现其发展趋势,如可行,应采用统计技术对结果进行审查。这种监控应有计划并加以评审,可包括（但不限于）下列内容:

　　a）定期使用有证标准物质（参考物质）进行监控和/或使用次级标准物质（参考物质）开展内部质量控制;

　　b）参加实验室间的比对或能力验证计划;

　　c）使用相同或不同方法进行重复检测或校准;

d）对存留物品进行再检测或再校准；

e）分析一个物品不同特性结果的相关性。

注：选用的方法应当与所进行工作的类型和工作量相适应。

5.9.2 应分析质量控制的数据，当发现质量控制数据将要超出预先确定的判据时，应采取有计划的措施来纠正出现的问题，并防止报告错误的结果。

【理解与实施】

1. 关于质量监督

（1）定义及特点

对实验室而言，质量监督是对实验室质量活动的符合性和有效性进行监控，其目的是确保实验室具有满足所从事检测工作规定要求的能力，并能按照规定要求有效实施，也就是保证实验室质量活动在符合规定要求基础上有效运行。质量监督不是一种监督员个人行为，它是在一个单位最高管理者的授权下开展的，是代表最高管理者实施质量监控的，是检测全过程有效运行的保证。因此对检测全过程的质量监督也就是对检测过程符合性和过程控制的有效性两方面的监督。

相对于内审、管理评审、外部审核来说，质量监督对于管理体系持续改进，具有以下四个优势或特点：

1）及时性

质量监督是在每一个具体检测任务实施时进行监督，一旦发现问题即立刻予以纠正，可以避免不合格事件的发生。而内审、管理评审、外部审核都是事后进行，发现的不合格都是已发生的事实，属于事后纠正。

2）灵活性

质量监督可以是对全过程的监督，也可以是对检测过程中某一环节的监督，并且可以根据需要随时进行。而内审、管理评审都是按计划进行，受一定时间约束。至于外部审核更是不受检测机构自身控制。

3）有效性

质量监督实施得好，从某种意义来说是能最大程度避免不合格的发生，能降低检测单位的风险。对质量监督中发现的问题进行有效纠正和预防，也就能进一步避免类似问题的再发生。内审、管理评审、外部审核中对不合格事件的纠正只能是事后纠正。因此效果上质量监督更为有效。

4）针对性

由于监督人员不仅在体系实际运作中有足够的经验、知识，能及时把握体系运作中的可能波动、弱点，而且对检测标准十分精通了解，从而能有效、及时、有针对性地对检测活动进行适当监督，这是其他活动暂时做不到的。

（2）实施要点

1）监督员的选择

质量监督员素质的高低，直接决定着质量监督效果的优劣，因而质量监督员的选择任命显得尤为重要。监督员的选择首要的关注点应该是该监督员的工作资历，也就是说监督员要有丰富的工作阅历和实践经验作为支撑，要把握住检测过程在标准文本叙述文字所能表达意思之外的东西，如突发偶然事件的处理、操作人员的个人微小惯性不良动作对结果可能的影响等；其次是监督员的技能，监督员不但要熟悉有关法规，更要了解技术，监督员要了解监督职责范围内的技术，要熟悉检测的技术依据及作业指导书，要透彻掌握检测操作规范性和操作技能中的细微关键点，既要具有一般检测人员熟练的操作技能，又要能把握住操作过程的细节和关键点；三是监督员的知识，监督员要了解检测依据的根本原理和影响结果的关键所在，要做到不仅知其然，更应知其所以然。尤其还要了解质量管理，要熟悉检测的全过程和各阶段的具体质量要求，要了解质量体系文件对质量监督员岗位职责的具体要求．并且能一丝不苟地执行，要知道并有能力对检测结果作出合理评价。

2）质量监督的内容

质量监督实际上是为了使检测过程处于受控中，确保其按规范要求运行。就是要对从样品接收到检测报告出具的各个程序、各个环节、各个过程、各个要素、各个部门加以控制，体现了"防患于未然"的思路。要对抽检规范的制定，样品的抽取、流转，检测人员能力，数据记录、处理、校核，报告的编制、签发等检测全过程依照人、机、料、法、环五大元素进行监督，也就是从人员能力、设备配备、药品选用、检测依据、环境条件五方面监督，甚至有时还有对样品收发、报告交付等对外联系环节进行服务质量和保密措施的监督，真正把持续改进观念落实到管理体系的所有环节。

由于实验室检测任务十分繁杂，质量监督员无法也没必要每次都对所有过程进行监督。实验室要重点加强对大批量的检测任务、新上岗人员、新检测方法和新检测设备操作、新上检测项目的监督。

3）质量监督的实施

监督的实施过程可按照控制的六个步骤实施：首先，确定监督的范围或是对象。质量监督员开展监督工作可以是对全过程的监督，也可以是对子过程的监督，如抽样过程的监督，还可以是对某一环节的监督，如检测依据的选择的监督，应根据具体需要来确定。其次，明确监督的关键点，也就是监督员确定监督对象后，要明确此次监督的重点，一般不要对所有的过程和要素都监督。第三，确定监督的标准，也就是确定符合与不符合的界限。第四，收集监督到的事实，对被监督的过程进行认真观察，并对观察到的现象做好记录。第五，做出衡量，根据观察到的事实和衡量标准，作出合格与否结论。第六，针对发现的不合格或隐患进行改进。根据不合格或隐患的性质，可以是现场纠正，也可以采取纠正或预防措施。

4）质量监督的记录

质量监督员每次实施质量监督活动，不管监督结论是否符合，都必须对监督活动进行记录，填写质量监督记录表。有些实验室认为无需记录合格的质量监督，实际上这是误解。质量监督活动对实验室来说是一个极为重要的质量活动，其完整的记录对以后质量溯源有着十分重要的作用。但是为提高监督效率，对监督过程观察到的现象的描述可以根据性质的不同有所区别，符合性的现象可以只做简单描述，甚至不描述，直接对观察到的现象给出符合性判定，比如填写"符合"或"√"等即可，但对不符合的现象则必须进行详细描述、记录。这是因为不符合涉及整改，只有详细记录才能使整改者正确理解不符合的事实，便于溯源，从而有针对地实施整改，提高整改的效率和效果。监督纪录还应该请被监督者签字确认。

在具体的实施活动中，监督员要心系持续改进，增强改进意识，围绕实验室运作的各项要素的运行情况，积极发现问题。对发现的问题的性质和严重程度作判断，明确整改要求是当场纠正还是终止试验。

（3）意义

质量监督员应该对检测质量和服务质量进行监督，避免出现检测延迟或差错，杜绝无证检测、不良操作，防止有缺陷的报告和松散的服务发生。质量监督对于实验室持续改进的重要性主要在于它能及时有效地将不合格阻止在初发生阶段，最大程度避免不合格报告的出具。

此外，只有监督也是不够的，监督员还应该及时向质量负责人或技术负责人反馈监督信息，将现场发现的质量问题准确反馈给管理层，以供领导及时识别是体系原因还是非体系原因造成，及时采取有效改进措施。体系原因造成的质量问题就应该持续改进检测和服务系统,非体系原因造成的质量问题就应该通过提升检测资源满足检测条件要求的能力予以解决。在发现不合格检测后,监督员还应该协助相关人员进行补救工作,将影响降至最低。在工作中,质量监督员还应该注意与相关人员、部门的协作,做到相互通力合作,保证监督中发现的不合格能得到有效改进,从而确保实验室整体水平得到持续提升。在进行管理评审时质量负责人还应将从上一次管理评审以来的质量监督情况作为管理评审的输入材料之一,提交讨论,以便对质量监督活动进行监督,保证质量监督活动的覆盖面和有效性,充分发挥质量监督活动对保证体系持续有效的重要作用。

2. 关于质量控制图

(1) 作用

质量控制图有三个作用:

①它是分析系统性能的系统图表记录,可用来证实分析系统是否处于统计控制状态之中,并可以找出质量变化的趋势;②是对分析系统中存在的问题找出原因的有效方法;③可积累大量的数据,从而得到比较可靠的置信限。

(2) 如何绘制质控图

1) 质量控制样品的选用原则

——质量控制样品的组成应尽量与所要分析的样品相似。

——质量控制样品中待测组分的含量应尽量与待测样品相近。

——如待测样品中待测参数值波动不大,则可采用一个位于其间的中等参数值的质量控制样,否则,应根据参数幅度采用两种以上参数水平的质量控制样。

——实验的环境条件应该波动不大。

2) 数据积累

——每次至少平行分析两次,分析结果的相对偏差不得大于标准分析方法中所规定的相对偏差(变异系数)的两倍,否则应重做。

——建立质量控制图,至少需要累积质量控制样品重复试验的20个数据(是至少20个,一般都会做25个),此项重复分析应在短期内陆续进行。例如,每天分析平行质量控制样品一次,而不应将20多个重复试验的分析同时进行,一次完成。

——如果各次分析的时间间隔较长,在此期间可能由于气温波动较大而影响测定结果,必要时可对质量样品的测定进行温度校正。

——求出20个结果的平均值X和标准偏差S。在坐标纸上以平均值X,以$\pm 2S$为警戒线, ±3S为控制线, 然后把测定结果标在图中连成线, 即得到控制图。

3. 实验室监督员如何实施日常质量监督

日常质量监督工作主要体现三个方面:

(1) 资源使用的监督

包括对人员、检测/校准方法、设备和环境设施条件的监督, 例如, 监督在培人员的操作、监督设备定期送校和校后校准状态标志的更换等。

(2) 检测/校准过程的监督

包括对物品接受阶段、检测、校准阶段、结果发送阶段的监督, 其中检测/检测阶段又包括制备、实施和复核。

(3) 检测/校准结果的监督

重点是报告/证书上的数据同原始记录的一致性、数据计算的正确性以及测量不确定度评定的合理性。

质量监督是确保日常检测/校准质量的重要环节, 监督员应通过工作经验的积累来确定监督的频次, 对检测/校准过程中的关键点、难点、弱点, 以及新上岗的人员进行重点监督, 对发现的不符合工作在职责范围内给予纠正, 并加强和其他员工的沟通, 确保质量监督工作持续、有效。

4. 实验室只够做一次实验的非重现性样品如何处理

客户送检的样品很少 (数量仅够检一次), 一次检验消耗完后, 实验室出具了检测报告, 若客户对检验结果提出异议, 如何处理?

首先, 在客户委托时在委托单或合同上注明仅对来样负责。

其次, 为了防止出现上述的情况, 应请客户提供备样。

如果样品确实只够一次测试, 那么, 整个检测过程让客户参与。

5. "分析一个样品不同特性结果的相关性"

"分析一个物品不同特性结果的相关性" 说的是不同特性的相关性。是检测、校准过程中不同检测、校准项目或参数之间的相互影响。列举几个简单的例子说明:

(1) 水的纯度越高, 它的溶点就越高。如果一种水的纯度高, 溶点反而小, 那就要分析实验过程是不是有问题。

(2) 量块的平行度是符合要求的, 那么平面度也应是符合要求的, 逆向则不成立。

(3)电磁兼容检测过程中电磁干扰不合格,复检时就需要先复检安全结构,安全结构合格后再复检电磁干扰。因为为了减小电磁干扰就需重新考虑安装抗干扰的元件如电容、电感等,这种改变就可能影响安全结构、爬电距离或电气间隙等。因此,在复检电磁兼容前先做安全结构,安全结构合格后再做电磁兼容,这样能保证一次通过复检。否则,电磁兼容合格了,可能安全结构又不合格了,这也是不同特性的相关性。

6. 实验室质量控制方式

(1)定期使用有证标准物质(参考物质)进行监控和(或)使用次级标准物质(参考物质)开展内部质量控制。

(2)参加实验室间的比对或能力验证计划(能力验证或测量审核)。

(3)使用相同或不同方法进行重复检测或校准。

(4)对存留物品进行再检测或再校准(留样复测)。

(5)分析一个物品不同特性结果的相关性。

(6)人员比对实验。

(7)仪器比对实验。

(8)使用质控图。

所有实验室都应加强内部质量监控,内部质量控制和外部质量控制是互补的。

7. 测量审核和能力验证

(1)概念

①能力验证:利用实验室间比对,按照预先制定的准则评价参加者的能力,也称为能力验证活动,包含各类能力验证计划、测量审核和比对计划。实际上它是为了确保维持较高的校准和检测水平而对其能力进行考核、监督和确认的一种验证活动。

②能力验证计划:在检测、测量、校准或检查的某个特定领域,设计和运作的一轮或多轮能力验证。一项能力验证计划可以包含一种或多种特定类型的检测、校准或检查。

③测量审核:一个参加者对被测物品(材料或制品)进行实际测试,其测试结果与参考值进行比较的活动。测量审核是对一个参加者进行"一对一"能力评价的能力验证计划。

(2)作用

能力验证的作用可以归纳为四点：

①评价实验室是否具有胜任其所从事的校准/检测的工作能力，包括由实验室自身、实验室客户以及认可或法定机构等其他机构进行的评价。

②通过实验室检测/校准能力的外部措施，来补充实验室内部的质量控制程序。

③同时也补充了由技术专家进行实验室现场评审的手段，而现场评审被认可或法定机构所采用。

④增加实验室客户对实验室能力的信任，就实验室的生存与发展而言，拥护对其是否能够持续出具可靠数据的信任度是非常重要的。

测量审核：它是能力验证计划的有效补充。

8. 从哪里找自己想要的能力验证信息

实验室可以从以下方面找自己需要的能力验证消息：

（1）CNAS组织开展的能力验证计划：在CNAS的网站（网址：http: //www.cnas.org.cn）"能力验证专栏"下"CNAS能力验证计划清单"中找。

（2）CNAS认可的能力验证提供者在获准的认可范围内开展的能力验证计划：在CNAS的网站"能力验证专栏"下"能力验证提供机构清单"中"CNAS认可的能力验证提供者"下可找到相关信息。

（3）在CNAS备案的，签署了ILAC互认协议的认可机构认可的能力验证提供者的相关信息：参见CNAS的网站上"能力验证专栏"下"能力验证提供机构清单"中"其他机构"。

（4）测量审核相关信息：在CNAS的网站上"能力验证专栏"下"能力验证提供机构清单"中"测量审核指定机构"下查找。

（5）亚太实验室认可合作组织（APLAC）组织的能力验证计划：在CNAS的网站上"能力验证专栏"下"能力验证提供机构清单"中"CNAS互认的认可机构"下"APLAC能力验证目录"中查询。

（6）CNAS承认的国际权威机构的相关信息：参见CNAS的网站上"能力验证专栏"下"能力验证提供机构清单"中"国际权威机构"。

9. 影响能力验证结果准确性的要点

（1）操作前对标准的阅读要精细，关键是小的备注要注意，很多特殊情况的处理大都在备注里。

（2）样品接收前的检查很重要，首先对样品的完整性进行检查，对信息的阅读要全面，如果发现样品有问题及时沟通，这样要比做样品的时候在发现来的要及时，能节省不少的时间。

（3）作业指导书的阅读要到位，很多能力验证样品寄到后要跟一份作业指导书，作业指导书中往往会对本次能力验证的样品、成分、尺寸、选择方法、样品的结果记录、包括修约或样品的粘贴、样品寄发的注意事项等有明确的规定，熟读这些对试验准备有很好的作用。

（4）测试前的准备工作一定要做好，包括设备的校准、试运行等，有条件的情况下可以在正式测试前选择一块相仿的样品进行一下预测试，这样会将测试过程中的问题提前发现提前解决。对正式测试的操作有帮助。

（5）样品测试过程中的判断能力很重要，有时候我们在测试中往往会自以为是，为了保证测试过程中的准确操作最好是找一个经验丰富的作督察，发现问题及时解决，如果等操作完毕再发现问题的话可能会因为样品的消耗而无法验证结果。

（6）结果的判定一般根据设备操作，但是对于人为操作如评级、手工操作等结果，可能会因为人员的差别而会有不同的偏差，这样在判定时最好是找有经验的部门负责人或质量专家一块定夺，这样的话会减少很多不必要的错误。

10. 实验室做（查找）能力验证遵循的顺序

能力验证应按以下顺序进行，上一项没有才选择下一项：

（1）从CNAS（CNCA）网上下载能力验证计划。

（2）从CNAS网上下载能力验证提供者，向它申请能力验证。

（3）从CNAS网上下载测量审核提供者，向它申请测量审核。

（4）实验室间比对（找3家以上，实验室需经认可或经资质认定的）。

（5）实验室内质量控制（人员比对、设备比对、方法比对）。

11. 能力验证不合格该如何处理

在参加能力验证中出现不满意结果时，应该采取以下方面的措施：

（1）按照认可准则要求实施纠正措施，并验证措施的有效性。

（2）当不满意结果不符合专业标准时，除实施纠正措施并验证其有效性外，还应自行暂停在相应项目报告中使用 CNAS 认可标识。在验证纠正措施有效后，实验室可自行恢复使用认可标识。

（3）实验室的纠正措施和验证活动应在 180天（自收到能力验证结果报告之日

起计)内完成,保存记录以备评审组检查。

(4)纠正措施有效性的验证方式包括:①再次参加相应的能力验证;②参加测量审核;③通过 CNAS 评审组的现场评价。

(5)实验室参加能力验证出现以下两种情况,应采取有效预防措施,必要时采取纠正措施:①结果虽为不满意,但仍符合相应标准的判定要求;②参加能力验证结果为可疑或有问题。

12. Z比分值

(1)Z比分值对能力验证的结果的判断

$|Z| \leqslant 2$表明"满意",无需采取进一步措施;

$2 < |Z| < 3$表明"有问题",产生警戒信号;

$|Z| \geqslant 3$表明"不满意",产生措施信号。

(2)Z比分值如何计算的

$$Z = \frac{X_i - M(X)}{标准化 IQR(X)}$$

式中:

X_i——各实验室的测定结果;

$M(X)$——数据组的中位值;

$IQR(X)$——数据组X的标准化4分位间距。

①中位值M。

将比对实验所有结果由小到大排序。结果数目为奇数时,位于中间的那个数即为中位值M;结果数目为偶数时,位于中间的两个数的平均值即为中位值M,又称中位数。

②标准化四分位间距IQR。

$IQR = 0.7413 \times (Q_3 - Q_1)$

式中:

Q_3——上四分位数,又称较大四分位数;

Q_1——下四分位数,又称较小四分位数;

0.7413——四分位数间距转化为标准差的转换因子;

IQR——四分位距是一个结果变异性的量度。

四分位距定义:

对一组按顺序排列的数据，上四分位值Q_3与下四分位值Q_1之间的差称为四分位距IQR，即$IQR=Q_3-Q_1$。

13. 测量审核中E_n值的计算方法和意义

计算E_n值：

$$E_n=(X_{LAB}-X_{REF})/(U^2_{LAB}+U^2_{REF})^{1/2}$$

式中：

X_{LAB}——实验室的测量结果；

X_{REF}——被测物品的参考值；

U_{LAB}——实验室获得认可的能力的扩展不确定度；

U_{REF}——参考值的扩展不确定度。

U_{LAB}和U_{REF}的置信水平为95%。

若$E_n\leqslant1$，则判定实验室的结果为满意，否则判定为不满意。

利用E_n值评定测量结果是测量审核结果评定的基本方式，但前提是必须正确评定该实验室对该项测量的不确定度。如果实验室不能正确评定其测量不确定度，则无法使用该方法。

14. 实验室比对结果评价的方法

比对试验：即按照预先规定的条件，由两个或多个实验室或实验室内部对相同或类似的被测物品进行检测的组织、实施和评价。

结果评价方法包括Z比分值、E_n值、格鲁布斯（Grubbs）检验、F检验、t检验。

格鲁布斯检验、F检验，t检验三者是比对试验数据处理中最基本的方法，三者缺一不可，顺序不能颠倒。格鲁布斯检验剔除离散值，保证了数据统计结果的有效、准确，是F检验、t检验的基础。

F检验的目的在于比较两组数据精密度，也即随机误差是否存在显著性差异。

t检验的目的在于说明两组数据平均值的准确度，是一切试验根本目的所在。而准确度取决于精密度和系统误差，只有在精密度一致的前提下，才能检验是否存在系统误差，因此，F检验是进行t检验必要条件，在t检验之前必须进行检验。

15. 离群数据如何剔除

用"格鲁布斯（Grubbs）检验"来判断和提出离群数据。

格鲁布斯（Grubbs）检验是离散值检验的一种，主要目的是剔除异常数据，这种异常数据不是系统误差，也不是随机误差，而是由过失误差引起的，这种数据应一律舍去。

对任何一组数据进行处理,首先要检验其是否存在有过失误差带来的异常数据,即进行离散值检验。

"格鲁布斯(Grubbs)检验"的步骤为:

①将一组数据从小到大按顺序排列: x_1、x_2、x_3、…x_n;②求这组数据的平均值 x 及标准偏差 S,然后求统计量 T,$T=(x_n-x)/s$;③假设若 x_n 为离散值,则 $T=(x_n-x)/s$;所得结果 T 与格鲁布斯检验值表所得临界值 T_α,n 值比较(α 为显著性水平,n 为样本量);④如果 $T \geqslant T_\alpha$,n 说明是离散值,必须舍去;反之予以保留,T_α、n 由查表得到。

如果通过格鲁布斯检验出离散值,应剔除,然后重新进行统计计算,以便进行下一步的统计分析。

格鲁布斯检验临界表

次数 (n)	显著性水平(α)		次数n	显著性水平(α)	
	0.05	0.01		0.05	0.01
3	1.153	1.155	14	2.371	2.659
4	1.463	1.492	15	2.409	2.705
5	1.672	1.749	16	2.443	2.747
6	1.822	1.944	17	2.475	2.785
7	1.938	2.097	18	2.504	2.821
8	2.032	2.221	19	2.532	2.854
9	2.110	2.323	20	2.557	2.884
10	2.176	2.410	21	2.580	2.912
11	2.234	2.485	31	2.759	3.119
12	2.285	2.550	51	2.963	3.344
13	2.331	2.607	101	3.211	3.604

16. 判断比对数据精密度合不合格(F检验)

F 检验法是英国统计学家Fisher提出的,主要通过比较两组数据的方差,以确定它们的精密度是否有显著性差异。一组数据的标准偏差(S)可以反映出该组数据的精密度,精密度决定于随机误差,不同组数据,有不同的精密度,两组数据的精密度之间有无显著性差异,需要进行 F 检验。至于两组数据之间是否存在系统误差,则在进行F检验并确定它们的精密度没有显著性差异之后,再进行t检验。

F 检验的步骤:

①求出两个实验室(两组数据)的标准偏差 S_1、S_2,定义 $F=S_1^2/S_2^2$,其中 $S_1^2 \geqslant S_2^2$;

②查F分布表, 得到$F_{\alpha/2}(n_1-1, n_2-1)$的值, 若$F \leqslant F_{\alpha/2}(n_1-1, n_2-1)$, 则说明二者的精密度之间不存在显著性差异, 反之, 则存在显著性差异。

F检验临界值表(显著水平0.05)

F大 F小	1	2	3	4	5	6	7	8	9	10	12	15	20
1	161.4	199.5	215.7	224.6	230.2	234.0	236.8	238.9	240.5	241.9	243.9	245.9	248.0
2	18.51	19.00	19.16	19.25	19.30	19.33	19.36	19.37	19.38	19.39	19.41	19.43	19.45
3	10.13	9.55	9.28	9.12	9.01	8.94	8.89	8.85	8.81	8.79	8.74	8.70	8.66
4	7.71	6.94	6.59	6.39	6.26	6.16	6.09	6.04	6.00	5.96	5.91	5.86	5.80
5	6.61	5.79	5.14	5.19	5.05	4.95	4.88	4.82	4.77	4.74	4.68	4.62	4.56
6	5.99	5.14	4.76	4.53	4.39	4.28	4.21	4.15	4.10	4.06	4.00	3.94	3.87
7	5.59	4.74	4.35	4.12	3.97	3.87	3.79	3.73	3.68	3.64	3.57	3.51	3.44
8	5.32	4.46	4.07	3.84	3.69	3.58	3.50	3.44	3.39	3.35	3.28	3.22	3.15
9	5.12	4.26	3.86	3.63	3.48	3.37	3.29	3.23	3.18	3.14	3.07	3.01	2.94
10	4.96	4.10	3.71	3.48	3.33	3.22	3.14	3.07	3.02	2.98	2.91	2.85	2.77

17. 判断比对数据平均值是否有显著性差异(t检验)

F检验目的在于比较两组数据精密度, 也即随机误差是否存在显著性差异。

t检验目的在于说明两组数据平均值(准确度)是否有显著性差异。

准确度取决于精密度和系统误差, 只有在精密度一致的前提下, 才能进行准确度的检验。因此, F检验是进行t检验必要条件, 在t检验之前必须进行F检验。

t检验的具体步骤为:

(1)计算t值

$$t = \frac{\overline{X} - \mu}{\dfrac{\sigma_X}{\sqrt{n-1}}}$$

其中$\overline{X}$为样本平均数, μ为总体平均数, σ_x为样本标准差, n为样本容量。

(2)比较计算得到的t值和查表的临界值T值

如果t值<T值, 那么两组数据无显著性差异, 反之, 则存在显著性差异。

t检验临界数据表

f	置信度、显著性水平			
	P=0.50 α=0.50	P=0.90 α=0.10	P=0.95 α=0.05	P=0.99 α=0.01
1	1.00	6.31	12.71	63.66
2	0.82	2.92	4.30	9.93

续表

f	置信度、显著性水平			
	P=0.50 α=0.50	P=0.90 α=0.10	P=0.95 α=0.05	P=0.99 α=0.01
3	0.76	2.35	3.18	5.84
4	0.74	2.13	2.78	4.60
5	0.73	2.02	2.57	4.03
6	0.72	1.94	2.45	3.71
7	0.71	1.90	2.37	3.50
8	0.71	1.86	2.31	3.36
9	0.70	1.83	2.26	3.25
10	0.70	1.81	2.23	3.17
20	0.69	1.73	2.09	2.85
∞	0.67	1.65	1.96	2.53

18. 测量值与标准规定的极限数值做比较的方法

（1）在判定测量值或计算值是否符合标准要求时，应将测试所得的值或其计算值与标准规定的极限数值作比较

比较的方法可采用：①全数值比较法；②修约值比较法。

（2）特别注意

①当技术文件中，若对极限数值（包括带有极限偏差值的数值）无特殊规定时，均应使用全数值比较法；②如规定采用修约值比较法，应在技术文件中加以说明；③当技术文件中规定了使用其中一种比较方法时，一经确定，不得改动。

（3）全数值比较法应用

将测试所得测定值或计算值不经修约处理，或虽经修约处理，但应表明它的舍、进或未舍、未进而得，用该数值与规定的极限数值作比较，只要超出极限数值规定的范围（不论超出程度大小），均判定为不符合要求。

（4）修约值比较法应用

将测试所得的测定值或计算值进行修约，修约数值应与规定的极限数值位数一致。当测试或计算精度允许时，应先将获得的数值按指定的修约位数多一位或几位报出，然后按修约规则修约至规定的位数。将修约后的数值与规定的极限数值作比较，只要超出极限数值规定的范围（不论超出程度大小），均判定为不符合要求。

（5）两种判定方法的比较

对同样的极限数值，若它本身符合要求，则全数值比较法比修约值比较法相对较严格。

例如：

项目	极限数值	测定值或其计算值	按全数值比较是否符合要求	修约值	按修约值比较是否符合要求
中碳钢中硅的质量分数（%）	≤0.5	0.452	符合	0.5	符合
		0.500	符合	0.5	符合
		0.549	不符合	0.5	符合
		0.551	不符合	0.6	不符合
盘条直径（mm）	10.0±0.1	9.89	不符合	9.9	符合
		9.85	不符合	9.8	不符合
		10.10	符合	10.1	符合
		10.16	不符合	10.2	不符合
盘条直径（mm）	10.0±0.1（不含0.1）	9.94	符合	9.9	不符合
			符合	10.0	符合
			符合	10.1	不符合
			符合	10.0	符合
盘条直径（mm）	10.0±0.1（不含+0.1）	9.94	符合	9.9	符合
		9.86	不符合	9.9	符合
		10.06	符合	10.1	不符合
		10.05	符合	10.0	符合
盘条直径（mm）	10.0±0.1（不含-0.1）	9.94	符合	9.9	不符合
		9.86	不符合	9.9	不符合
		10.06	符合	10.1	符合
		10.05	符合	10.0	符合

第十节　结果报告

【标准条款】

5.10 结果报告

5.10.1 总则

实验室应准确、清晰、明确和客观地报告每一项检测、校准，或一系列的检测或校准的结果，并符合检测或校准方法中规定的要求。

结果通常应以检测报告或校准证书的形式出具，并且应包括客户要求的、说明检测或校准结果所必需的和所用方法要求的全部信息。这些信息通常是5.10.2和5.10.3或5.10.4中要求的内容。在为内部客户进行检测和校准或与客户有书面协议的情况下，可用简化的方式报告结果。对于5.10.2至5.10.4中所列却未向客户报告的信息，应能方便地从进行检测和/或校准的实验室中获得。

注1：检测报告和校准证书有时分别称为检测证书和校准报告。

注2：只要满足本准则的要求，检测报告或校准证书可用硬拷贝或电子数据传输的方式发布。

5.10.2 检测报告和校准证书

除非实验室有充分的理由，否则每份检测报告或校准证书应至少包括下列信息：

a) 标题（例如无"检测报告"或"校准证书"）；

b) 实验室的名称和地址，进行检测和/或校准的地点（如果与实验室的地址不同）；

c) 检测报告或校准证书的唯一性标识（如系列号）和每一页上的标识，以确保能够识别该页是属于检测报告或校准证书的一部分，以及表明检测报告或校准证书结束的清晰标识；

d) 客户的名称和地址；

e) 所用方法的识别；

f) 检测或校准物品的描述、状态和明确的标识；

g) 对结果的有效性和应用至关重要的检测或校准物品的接收日期和进行检测或校准的日期；

h) 如与结果的有效性或应用相关时，实验室或其他机构所用的抽样计划和程序的说明；

i) 检测和校准的结果，适用时，带有测量单位；

j) 检测报告或校准证书批准人的姓名、职务、签字或等效的标识；

k) 相关时，结果仅与被检测或被校准物品有关的声明。

注1：检测报告和校准证书的硬拷贝应当有页码和总页数。

注2：建议实验室作出未经实验室书面批准，不得复制（全文复制除外）检测报告或校准证书的声明。

5.10.3 检测报告

5.10.3.1 当需对检测结果作出解释时，除5.10.2中所列的要求之外，检测报告中还应包括下列内容：

a) 对检测方法的偏离、增添或删节，以及特定检测条件的信息，如环境条件；

b) 相关时，符合（或不符合）要求和/或规范的声明；

c) 适用时，评定测量不确定度的声明。当不确定度与检测结果的有效性或应用有关，或客户的指令中有要求，或当不确定度影响到对规范限度的符合性时，检测报告中还需要包括有关不确定度的信息；

d) 适用且需要时，提出意见和解释（见5.10.5）；

e) 特定方法、客户或客户群体要求的附加信息。

5.10.3.2 当需对检测结果作解释时，对含抽样结果在内的检测报告，除了5.10.2和5.10.3.1所列的要求之外，还应包括下列内容：

a) 抽样日期；

b) 抽取的物质、材料或产品的清晰标识（适当时，包括制造者的名称、标示的型号或类型和相应的系列号）；

c) 抽样位置，包括任何简图、草图或照片；

d) 列出所用的抽样计划和程序；

e) 抽样过程中可能影响检测结果解释的环境条件的详细信息；

f) 与抽样方法或程序有关的标准或规范，以及对这些规范的偏离、增添或删节。

5.10.4 校准证书

5.10.4.1 如需对校准结果进行解释时，除5.10.2中所列的要求之外，校准证书还应包含下列内容：

a) 校准活动中对测量结果有影响的条件（例如环境条件）；

b) 测量不确定度和/或符合确定的计量规范或条款的声明；

c) 测量可溯源的证据（见5.6.2.1.1注2）。

5.10.4.2 校准证书应仅与量和功能性检测的结果有关。如欲作出符合某规范的声明，应指明符合或不符合该规范的哪些条款。

当符合某规范的声明中略去了测量结果和相关的不确定度时，实验室应记录并保存。这些结果，以备日后查阅。作出符合性声明时，应考虑测量不确定度。

5.10.4.3 当被校准的仪器已被调整或修理时，如果可获得，应报告调整或修理前后的校准结果。

5.10.4.4 校准证书（或校准标签）不应包含对校准时间间隔的建议，除非已与客户达成协议。该要求可能被法规取代。

5.10.5 意见和解释

当含有意见和解释时，实验室应把作出意见和解释的依据制定成文件。意见和解释应象在检测报告中的一样被清晰标注。

注1：意见和解释不应与ISO/IEC 17020和ISO/IEC指南65中所指的检查和产品认证相混淆。

注2：检测报告中包含的意见和解释可以包括（但不限于）下列内容：

——对结果符合（或不符合）要求的声明的意见；

——合同要求的履行；

——如何使用结果的建议；

——用于改进的指导。

注3：许多情况下，通过与客户直接对话来传达意见和解释或许更为恰当，但这些对话应当有文字记录。

5.10.6 从分包方获得的检测和校准结果

当检测报告包含了由分包方所出具的检测结果时，这些结果应予清晰标明。分包方应以书面或电子方式报告结果。当校准工作被分包时，执行该工作的实验室应向分包给其工作的实验室出具校准证书。

5.10.7 结果的电子传送

当用电话、电传、传真或其他电子或电磁方式传送检测或校准结果时,应满足本准则的要求(见5.4.7)。

5.10.8 报告和证书的格式

报告和证书的格式应设计为适用于所进行的各种检测或校准类型,并尽量减小产生误解或误用的可能性。

注1:应当注意检测报告或校准证书的编排,尤其是检测或校准数据的表达方式,并易于读者理解。

注2:表头应当尽可能地标准化。

5.10.9 检测报告和校准证书的修改

对已发布的检测报告或校准证书的实质性修改,应仅以追加文件或资料更换的形式,并包括如下声明:

"对检测报告(或校准证书)的补充,系列号……(或其他标识)",或其他等效的文字形式。

这种修改应满足本准则的所有要求。

当有必要发布全新的检测报告或校准证书时,应注以唯一性标识,并注明所替代的原件。

【理解与实施】

1. 报告中需要有不确定度的信息的几种情况

(1)不确定度与检测结果的有效性有关。

(2)不确定度与检测结果的应用有关。

(3)当客户的合同中要求评估不确定度。

(4)当不确定度影响到对规范限度的符合性时。

(5)校准证书必须给出测量不确定度。

2. 检测报告中包含的"意见和解释"的内容

检测报告中包含的"意见和解释"可以包括(但不限于)以下内容:

(1)对结果符合(或不符合)要求的声明的意见。

(2)合同要求的履行。

(3)如何使用结果的建议。

(4)用于改进的指导。

许多情况下,实验室通过与客户对话来传达"意见的解释"或许更加恰当,但这些对话需要文字记录。

3. 如何保证电子方式传送结果的完整性和保密性

（1）建立相关程序并严格执行。

（2）在送检时客户就提出电子传送要求的，应写入合同，并约定通讯方式、通讯时间和双方联络人；事后提出要求的，应确定对方当事人的身份、姓名、职务以及具体要求。

（3）可能对客户利益造成重大影响的，应确认提出电子传送要求的客户是真实的，确认是其真实意愿的表达，防止他人假冒。

（4）发送前，应确定电话、传真或其他电子方式的通讯代码是正确的，防止误传到其他机构。

（5）由专人执行这一工作，无关人员不得经手过目，当事人详细记录事件发生时间、地点和经过，传输前经实验室相关负责人批准。

4. 如何对已发出的报告/证书进行修改

（1）以新出具的报告/证书代替原报告/证书，原件收回。如因送检单位名称、样品名称、规格型号等打印错误，应重新出具报告/证书，并注明"本报告/证书代替××号报告/证书，原报告/证书作废"。

（2）对原报告/证书的补充，原件仍然有效。此类应以追加文件的形式出具，并注明"本报告/证书为××号报告/证书的补充，与原报告/证书共同使用有效"。

（3）新出具的报告/证书更改了部分项目，与原件合并使用。例如，当企业对监督抽检结果提出异议时，行政部门对异议项目或委托原机构复验，或由其他有资质的机构复验，而复验仅针对有异议的项目。当复验结果与原先不一致时，复验结果与原报告合并使用，报告中注明"本报告中××项目为××号报告/证书××项目的复验结果，此项目的检验结果以本报告为准"。

对报告/证书的修改应符合《认可准则》中关于文件修改的要求，即由原报告/证书的签发人签发。当对检测数据与结论进行修改时，应由原检测/校准人员负责。所有修改应获得批准。

修改后的报告/证书其编号应区别于原编号，诸如在原编号后加"G"，以满足报告/证书唯一性标识的要求。

5. 如何做一个合格的"检验检测专业章"

（1）实验室专用章应含下列内容

①本机构完整的、准确的名称，"检验检测专用章"字样。

②五星标识。

③专用章形状通常为圆形,参考式样如下:

（2）其他需要注意的问题

①实验室机构向社会出具具有证明作用的实验室数据、结果的,应当在其实验室报告或证书上加盖实验室专用章,用以表明该实验室报告或证书由其出具,并由该实验室负责。

②实验室专用章应表明实验室机构完整的、准确的名称。实验室专用章加盖在实验室报告或证书封面的机构名称位置或实验室结论位置,骑缝位置也应加盖。

③实验室机构应加强对实验室专用章管理,建立相应的责任制度和用章登记制度,安排专人负责保管和使用,用章记录资料要存档备查。

④实验室专用章的式样要经过本单位法人或法人授权人批准。

⑤实验室专用章的式样变更,也需要经过本单位法人或法人授权人批准。

⑥丢失实验室专用章的,单位要及时声明作废。

附件

《检验检测机构资质认定评审准则》
及释义

1 总则

1.1 为实施《检验检测机构资质认定管理办法》相关要求,开展检验检测机构资质认定评审,制定本准则。

1.2 在中华人民共和国境内,向社会出具具有证明作用的数据、结果的检验检测机构的资质认定评审应遵守本准则。

1.3 国家认证认可监督管理委员会在本评审准则基础上,针对不同行业和领域检验检测机构的特殊性,制定和发布评审补充要求,评审补充要求与本评审准则一并作为评审依据。

【条文解释】

(1)编制目的。《检验检测机构资质认定评审准则》依据《检验检测机构资质认定管理办法》第九条"申请资质认定的检验检测机构应当符合的条件"的要求,为开展检验检测机构资质认定评审而编制。

(2)适用范围。《检验检测机构资质认定评审准则》适用于在中华人民共和国境内,对向社会出具具有证明作用的数据、结果的检验检测机构的资质认定评审。

(3)补充要求。国家认证认可监督管理委员会会同相关部门,针对不同行业和领域检验检测机构的特殊性,制定和发布评审补充要求,评审补充要求与本评审准则一并作为评审依据。

2 参考文件

《检验检测机构资质认定管理办法》

GB/T 27000《合格评定 词汇和通用原则》

GB/T 19001《质量管理体系 要求》

GB/T 31880《检验检测机构诚信基本要求》

GB/T 27025《检测和校准实验室能力的通用要求》

GB/T 27020《合格评定 各类检验机构能力的通用要求》

GB 19489 《实验室 生物安全通用要求》

GB/T 22576《医学实验室质量和能力的要求》

JJF 1001 《通用计量术语及定义》

【条文解释】

编制《检验检测机构资质认定评审准则》的参考文件有9份,这9份参考文件不构成评审准则要求,作为检验检测机构建立和保持管理体系的参考。

3 术语和定义

3.1 资质认定

国家认证认可监督管理委员会和省级质量技术监督部门依据有关法律法规和标准、技术规范的规定,对检验检测机构的基本条件和技术能力是否符合法定要求实施的评价许可。

3.2 检验检测机构

依法成立,依据相关标准或者技术规范,利用仪器设备、环境设施等技术条件和专业技能,对产品或者法律法规规定的特定对象进行检验检测的专业技术组织。

3.3 资质认定评审

国家认证认可监督管理委员会和省级质量技术监督部门依据《中华人民共和国行政许可法》的有关规定,自行或者委托专业技术评价机构,组织评审人员,对检验检测机构的基本条件和技术能力是否符合《检验检测机构资质认定评审准则》和评审补充要求所进行的审查和考核。

【条文解释】

(1)资质认定:是国家对检验检测机构进入检验检测行业的一项行政许可制度,依据《中华人民共和国计量法》《中华人民共和国农产品质量安全法》《中华人民共和国食品安全法》《中华人民共和国认证认可条例》和《医疗器械监督管理条例》等法律法规设立和实施。国家认证认可监督管理委员会和省级质量技术监督部门(市场监督管理部门)在上述有关法律法规的要求下,按照标准或者技术规范的规定,对检验检测机构的基本条件和技术能力是否符合法定要求实施的评价许可。

(2)检验检测机构:本评审准则所称的检验检测机构是对从事检验、检测和检验检测活动机构的总称。检验检测机构取得资质认定后,可根据自身业务特点,对外出具检验、检测或者检验检测报告、证书。

(3)资质认定评审:国家认证认可监督管理委员会和省级质量技术监督部门(市场监督管理部门)组织评审人员,依据《检验检测机构资质认定评审准则》和评审补充要求,对检验检测机构的基本条件和技术能力实施的评审活动。

4 评审要求

4.1 依法成立并能够承担相应法律责任的法人或者其他组织。

【条文解释】

本条款是对检验检测机构的法律地位和法律责任的要求。

4.1.1 检验检测机构或者其所在的组织应有明确的法律地位,对其出具的检验检测数据、结果负责,并承担相应法律责任。不具备独立法人资格的检验检测机构应经所在法人单位授权。

【条文解释】

(1)依法设立的法人包括机关法人、事业单位法人、企业法人和社会团体法人。

其他组织包括取得工商行政机关颁发的营业执照的企业法人分支机构、特殊普通合伙检验检测企业、民政部门登记的民办非企业单位(法人)、经核准登记的司法鉴定机构等。

法人或者其他组织应具有有效的登记、注册文件,其登记、注册文件中的经营范围应包含检验、检测、检验检测或者相关表述,不得有影响其检验检测活动公正性的诸如生产、销售等经营项目。

生产企业内部的检验检测机构不在检验检测机构资质认定范围之内。生产企业出资设立的具有独立法人资格的检验检测机构可以申请检验检测机构资质认定。

(2)检验检测机构作为检验检测活动的第一责任人,应对其出具的检验检测数据、结果负责,并承担相应法律责任。因检验检测机构自身原因导致检验检测数据、结果出现错误、不准确或者其他后果的,应当承担相应解释、召回报告或证书的后果,并承担赔偿责任。涉及违反相关法律法规规定的,需承担相应的法律责任。

(3)非独立法人检验检测机构,其所在的法人单位应为依法成立并能承担法律责任的实体,该检验检测机构在其法人单位内应有相对独立的运行机制。申请检验检测机构资质认定时,应提供所在法人单位的法律地位证明文件和法人授权文件。非独立法人检验检测机构所在法人单位的法定代表人不担任检验检测机构最高管理者的,应由法定代表人对最高管理者进行授权。

4.1.2 检验检测机构应明确其组织结构及质量管理、技术管理和行政管理之间的关系。

【条文解释】

(1)检验检测机构应明确其内部组织构成,并通过组织结构图来表述。非独立法人的检验检测机构,应明确其与所属法人以及所属法人的其他组成部门的相互关系。

(2)质量管理:是指检验检测机构进行检验检测时,与工作质量有关的相互协调的活动。质量管理可分为质量策划、质量控制、质量保证和质量改进等,质量管理可保障技术管理,规范行政管理。

(3)技术管理:是指检验检测机构从识别客户需求开始,将客户的需求转化为过程输入,利用技术人员、设施、设备等资源开展检验检测活动,通过检验检测活动得出数据和结果,形成检验检测机构报告或证书的全流程管理。对检验检测的技术支持活动,如仪器设备、试剂和消费性材料的采购,仪器设备的检定和校准服务等也属于技术管理的一部分。

(4)行政管理:是指检验检测机构的法律地位的维持、机构的设置、人员的任命、财务的支持和内外部保障等。

(5)技术管理是检验检测机构工作的主线,质量管理是技术管理的保障,行政管理是技术管理资源的支撑。

4.1.3 检验检测机构及其人员从事检验检测活动,应遵守国家相关法律法规的规定,遵循客观独立、公平公正、诚实信用原则,恪守职业道德,承担社会责任。

【条文解释】

(1)检验检测机构及其人员应承诺遵守国家相关法律法规的规定,遵循客观独立、公平公正、诚实信用原则,恪守职业道德,承担社会责任。

（2）《检验检测机构诚信基本要求》（GB/T 31880）对检验检测机构提出了开展检验检测活动有关诚信的基本要求，建议检验检测机构参考使用。

4.1.4　检验检测机构应建立和保持维护其公正和诚信的程序。检验检测机构及其人员应不受来自内外部的、不正当的商业、财务和其他方面的压力和影响，确保检验检测数据、结果的真实、客观、准确和可追溯。若检验检测机构所在的单位还从事检验检测以外的活动，应识别并采取措施避免潜在的利益冲突。检验检测机构不得使用同时在两个及以上检验检测机构从业的人员。

【条文解释】

（1）检验检测机构应建立保证检验检测公正和诚信的程序，以识别影响公正和诚信的因素，并消除或最大化减少该因素对公正和诚信的影响。

（2）检验检测机构及其人员应公正、诚信地从事检验检测活动，确保检验检测机构及其人员与检验检测委托方、数据和结果使用方或者其他相关方不存在影响公平公正的关系。检验检测机构的管理层和员工不会受到不正当的压力和影响，能独立开展检验检测活动，确保检验检测数据、结果的真实性、客观性、准确性和可追溯性。

（3）若检验检测机构所属法人单位的其他部门，从事与其承担的检验检测项目相关的研究、开发和设计时，检验检测机构应明确授权职责，确保检验检测机构的各项活动不受其所属单位其他部门的影响，保持独立和公正。

（4）检验检测机构应以文件规定或者合同约定等方式确保不录用同时在两个及以上检验检测机构从业的检验检测人员。

4.1.5　检验检测机构应建立和保持保护客户秘密和所有权的程序，该程序应包括保护电子存储和传输结果信息的要求。检验检测机构及其人员应对其在检验检测活动中所知悉的国家秘密、商业秘密和技术秘密负有保密义务，并制定和实施相应的保密措施。

【条文解释】

（1）检验检测机构应当按照有关法律法规保护客户秘密和所有权，应制定有关措施，并有效实施，以保证客户的利益不被侵害。

（2）检验检测机构应对进入检验检测现场、设置计算机的安全系统、传输技术信息、保存检验检测记录和形成检验检测报告或证书等环节，应执行保密措施。

（3）样品、客户的图纸、技术资料属于客户的财产，检验检测机构有义务保护客户财产的所有权,必要时,检验检测机构应与客户签订协议。检验检测机构应对检验检测过程中获得或产生的信息,以及来自监管部门和投诉人的信息承担保护责任。

(4)除非法律法规有特殊要求,检验检测机构向第三方透露相关信息时,应征得客户同意。

4.2 具有与其从事检验检测活动相适应的检验检测技术人员和管理人员。

【条文解释】

检验检测机构应有与其检验检测活动相适应的检验检测技术人员和管理人员,应建立和保持人员管理程序。

4.2.1 检验检测机构应建立和保持人员管理程序,对人员资格确认、任用、授权和能力保持等进行规范管理。检验检测机构应与其人员建立劳动或录用关系,明确技术人员和管理人员的岗位职责、任职要求和工作关系,使其满足岗位要求并具有所需的权力和资源,履行建立、实施、保持和持续改进管理体系的职责。

【条文解释】

(1)检验检测机构应制定人员管理程序,该管理程序应对检验检测机构人员的资格确认、任用、授权和能力保持等进行规范管理。检验检测机构应与其人员建立劳动或录用关系,对技术人员和管理人员的岗位职责、任职要求和工作关系予以明确,使其与岗位要求相匹配,并有相应权力和资源,确保管理体系运行。

(2)检验检测机构应拥有为保证管理体系的有效运行、出具正确检验检测数据和结果所需的技术人员(检验检测的操作人员、结果验证或核查人员)和管理人员(对质量、技术负有管理职责的人员,包括最高管理者、技术负责人、质量负责人等)。技术人员和管理人员的结构和数量、受教育程度、理论基础、技术背景和经历、实际操作能力、职业素养等应满足工作类型、工作范围和工作量的需要。

4.2.2 检验检测机构的最高管理者应履行其对管理体系中的领导作用和承诺:负责管理体系的建立和有效运行,确保制定质量方针和质量目标,确保管理体系要求融入检验检测的全过程,确保管理体系所需的资源,确保管理体系实现其预期结果,满足相关法律法规要求和客户要求,提升客户满意度,运用过程方法建立管理体系和分析风险、机遇,组织质量管理体系的管理评审。

【条文解释】

(1)检验检测机构最高管理者应对管理体系全面负责,承担领导责任和履行承诺。最高管理者负责管理体系的建立和有效运行,满足相关法律法规要求和客户要求,提升客户满意度,运用过程方法建立管理体系和分析风险、机遇,组织质量管理体系的管理评审。

(2)检验检测机构最高管理者应确保制定质量方针和质量目标,确保管理体系要求融入检验检测的全过程,确保管理体系所需的资源,确保管理体系实现其预期结果。

(3)检验检测机构最高管理者应识别检验检测活动的风险和机遇,配备适宜的资源,并实施相应的质量控制。

4.2.3 检验检测机构的技术负责人应具有中级及以上相关专业技术职称或同等能力,全面负责技术运作;质量负责人应确保质量管理体系得到实施和保持;应指定关键管理人员的代理人。

【条文解释】

(1)检验检测机构应有技术负责人全面负责技术运作。技术负责人可以是一人,也可以是多人,以覆盖检验检测机构不同的技术活动范围。技术负责人应具有中级及以上相关专业技术职称或者同等能力,胜任所承担的工作。以下情况可视为同等能力:

a)博士研究生毕业,从事相关专业检验检测活动1年及以上;硕士研究生毕业,从事相关专业检验检测活动3年及以上;

b)大学本科毕业,从事相关专业检验检测活动5年及以上;

c)大学专科毕业,从事相关专业检验检测活动8年及以上。

(2)检验检测机构应指定质量负责人,赋予其明确的责任和权力,确保管理体系在任何时候都能得到实施和保持。质量负责人应能与检验检测机构决定政策和资源的最高管理者直接接触和沟通。

(3)检验检测机构应规定技术负责人和质量负责人的职责。

(4)检验检测机构应指定关键管理人员(包括最高管理者、技术负责人、质量负责人等)的代理人,以便其因各种原因不在岗位时,有人员能够代行其有关职责和权力,以确保检验检测机构的各项工作持续正常地进行。

4.2.4 检验检测机构的授权签字人应具有中级及以上相关专业技术职称或同等能力,并经资质认定部门批准。非授权签字人不得签发检验检测报告或证书。

【条文解释】

（1）授权签字人是由检验检测机构提名，经资质认定部门考核合格后，在其资质认定授权的能力范围内签发检验检测报告或证书的人员。

（2）授权签字人应：

a）熟悉检验检测机构资质认定相关法律法规的规定，熟悉《检验检测机构资质认定评审准则》及其相关的技术文件的要求；

b）具备从事相关专业检验检测的工作经历，掌握所承担签字领域的检验检测技术，熟悉所承担签字领域的相应标准或者技术规范；

c）熟悉检验检测报告或证书审核签发程序，具备对检验检测结果做出评价的判断能力；

d）检验检测机构对其签发报告或证书的职责和范围应有正式授权；

e）检验检测机构授权签字人应具有中级及以上专业技术职称或者同等能力。

（3）非授权签字人不得对外签发检验检测报告或证书。检验检测机构不得设置授权签字人的代理人员。

4.2.5 检验检测机构应对抽样、操作设备、检验检测、签发检验检测报告或证书以及提出意见和解释的人员，依据相应的教育、培训、技能和经验进行能力确认并持证上岗。应由熟悉检验检测目的、程序、方法和结果评价的人员，对检验检测人员包括实习员工进行监督。

【条文解释】

（1）检验检测机构应对所有从事抽样、操作设备、检验检测、签发检验检测报告或证书以及提出意见和解释的人员，按其岗位任职要求，根据相应的教育、培训、经历、技能进行能力确认。上岗资格的确认应明确、清晰，如进行某一项检验检测工作、签发某范围内的检验检测报告或证书等，应由熟悉专业领域并得到检验检测机构授权的人员完成。

（2）检验检测机构应设置覆盖其检验检测能力范围的监督员。监督员应熟悉检验检测目的、程序、方法和能够评价检验检测结果，应按计划对检验检测人员进行监督。检验检测机构可根据监督结果对人员能力进行评价并确定其培训需求，监督记录应存档，监督报告应输入管理评审。

4.2.6 检验检测机构应建立和保持人员培训程序，确定人员的教育和培训目标，明确培训需求和实施人员培训，并评价这些培训活动的有效性。培训计划应适应检验检测机构当前和预期的任务。

【条文解释】

（1）检验检测机构应根据质量目标提出对人员教育和培训要求，并制定满足培训需求和提供培训的政策和程序。培训计划既要考虑检验检测机构当前和预期的任务需要，也要考虑检验检测人员以及其他与检验检测活动相关人员的资格、能力、经验和监督评价的结果。

（2）检验检测机构可以通过实际操作考核、检验检测机构内外部质量控制结果、内外部审核、不符合工作的识别、利益相关方的投诉、人员监督评价和管理评审等多种方式对培训活动的有效性进行评价，并持续改进培训以实现培训目标。

4.2.7　检验检测机构应保留技术人员的相关资格、能力确认、授权、教育、培训和监督的记录，并包含授权和能力确认的日期。

【条文解释】

检验检测机构应对从事抽样、操作设备、检验检测、签发检验检测报告或证书以及提出意见和解释等工作的人员，在能力确认的基础上进行授权，建立并保留所有技术人员的档案，应有相关资格、能力确认、授权、教育、培训和监督的记录，并包含授权和能力确认的日期。

4.3　具有固定的工作场所，工作环境满足检验检测要求。

【条文解释】

检验检测机构应具有满足检验检测所需要的工作场所，并依据标准、技术规范和程序，识别检验检测所需要的环境条件，并对环境条件进行控制。

4.3.1　检验检测机构应具有满足相关法律法规、标准或者技术规范要求的场所，包括固定的、临时的、可移动的或多个地点的场所。

【条文解释】

（1）固定的场所：指不随检验检测任务而变更，且不可移动的开展检验检测活动的场所。

（2）临时的场所：指检验检测机构根据现场检验检测需要，临时建立的工作场所（例如对公共场所和作业场所环境的噪声检验检测的现场，在高速公路施工阶段和桥梁通车前所建立的检验检测临时场所）。

（3）可移动的场所：指利用汽车、动车和轮船等装载检验检测设备设施，可在移动中实施检验检测的场所。

（4）多个地点的场所（多场所）：指检验检测机构存在两个及以上地址不同的检

验检测工作场所。

（5）工作场所性质包括：自有产权、上级配置、出资方调配或租赁等，应有相关的证明文件。

4.3.2 检验检测机构应确保其工作环境满足检验检测的要求。检验检测机构在固定场所以外进行检验检测或抽样时，应提出相应的控制要求，以确保环境条件满足检验检测标准或者技术规范的要求。

【条文解释】

（1）检验检测机构应识别检验检测所需的环境条件，当环境条件对结果的质量有影响时，检验检测机构应编写必要的文件。并有相应的环境条件控制措施，确保环境条件不会使检验检测结果无效，或不会对检验检测质量产生不良影响。

（2）在检验检测机构固定设施以外的场所进行抽样、检验检测时，应予以特别关注，必要时，应提出相应的控制要求并记录，以保证环境条件符合检验检测标准或者技术规范的要求。

4.3.3 检验检测标准或者技术规范对环境条件有要求时或环境条件影响检验检测结果时，应监测、控制和记录环境条件。当环境条件不利于检验检测的开展时，应停止检验检测活动。

【条文解释】

（1）检验检测标准或者技术规范对环境条件有要求，以及检验检测机构发现环境条件影响检验检测结果质量时，检验检测机构应监测、控制和记录环境条件。

（2）检验检测机构在从事抽样、检验检测前应进行环境识别，根据识别结果采取相应的措施。对诸如生物消毒、灰尘、电磁干扰、辐射、湿度、供电、温度、声级和振级等予以重视，使其适应于相关的技术活动。

（3）检验检测机构在环境条件存在影响检验检测的风险和隐患时，需停止检验检测，并经有效处置后，方可恢复检验检测活动。

4.3.4 检验检测机构应建立和保持检验检测场所的内务管理程序，该程序应考虑安全和环境的因素。检验检测机构应将不相容活动的相邻区域进行有效隔离，应采取措施以防止干扰或者交叉污染，对影响检验检测质量的区域的使用和进入加以控制，并根据特定情况确定控制的范围。

【条文解释】

（1）检验检测机构应有内务管理程序，对检验检测场所的安全和环境的评价，应以检验检测标准或者技术规范提出的要求为依据。

（2）当相邻区域的活动或工作，出现不相容或相互影响时，检验检测机构应对相关区域进行有效隔离，采取措施消除影响，防止干扰或者交叉污染。

（3）检验检测机构应对人员进入或使用对检验检测质量有影响的区域予以控制，应根据自身的特点和具体情况确定控制的范围。在确保不对检验检测质量产生不利影响的同时，还应保护客户和检验检测机构的机密及所有权，保护进入或使用相关区域的人员的安全。

4.4 具备从事检验检测活动所必需的检验检测设备设施。

【条文解释】

检验检测机构应依据检验检测标准或者技术规范配备满足要求的设备和设施。

4.4.1 检验检测机构应配备满足检验检测（包括抽样、物品制备、数据处理与分析）要求的设备和设施。用于检验检测的设施，应有利于检验检测工作的正常开展。检验检测机构使用非本机构的设备时，应确保满足本准则要求。

【条文解释】

（1）检验检测机构应正确配备检验检测所需要的仪器设备，包括抽样工具、物品制备、数据处理与分析。所用仪器设备的技术指标和功能应满足要求，量程应与被测参数的技术指标范围相适应。

（2）检验检测机构的设施包括固定和非固定设施，这些设施应满足相关标准或者技术规范的要求，避免影响检验检测结果的准确性。

（3）检验检测机构租用仪器设备开展检验检测时，应确保：

a）租用仪器设备的管理应纳入本检验检测机构的管理体系；

b）本检验检测机构可全权支配使用，即租用的仪器设备由本检验检测机构的人员操作、维护、检定或校准，并对使用环境和贮存条件进行控制；

c）在租赁合同中明确规定租用设备的使用权；

d）同一台设备不允许在同一时期被不同检验检测机构共用租赁。

4.4.2 检验检测机构应建立和保持检验检测设备和设施管理程序，以确保设备和设施的配置、维护和使用满足检验检测工作要求。

【条文解释】

检验检测机构应建立相关的程序文件，描述检验检测设备和设施的安全处置、运输、存储、使用、维护等的规定,防止污染和性能退化。检验检测机构应确保设备在运输、存储和使用时,具有安全保障。检验检测机构设施应满足检验检测工作需要。

4.4.3 检验检测机构应对检验检测结果、抽样结果的准确性或有效性有显著影响的设备,包括用于测量环境条件等辅助测量设备有计划地实施检定或校准。设备在投入使用前,应采用检定或校准等方式,以确认其是否满足检验检测的要求,并标识其状态。

针对校准结果产生的修正信息,检验检测机构应确保在其检测结果及相关记录中加以利用并备份和更新。检验检测设备包括硬件和软件应得到保护,以避免出现致使检验检测结果失效的调整。检验检测机构的参考标准应满足溯源要求。无法溯源到国家或国际测量标准时,检验检测机构应保留检验检测结果相关性或准确性的证据。

当需要利用期间核查以保持设备检定或校准状态的可信度时,应建立和保持相关的程序。

【条文解释】

(1)对检验检测结果有显著影响的设备,包括辅助测量设备(例如用于测量环境条件的设备),检验检测机构应制订检定或校准计划,确保检验检测结果的计量溯源性。

(2)检验检测机构应确保用于检验检测和抽样的设备及其软件达到要求的准确度,并符合相应的检验检测技术要求。设备(包括用于抽样的设备)在投入使用前应通过进行检定或校准等方式,以确认其是否满足检验检测标准或者技术规范。

(3)检验检测设备包括硬件和软件应得到保护,以避免出现致使检验检测结果失效的调整。

(4)无法溯源到国家或国际测量标准时,测量结果应溯源至RM、公认的或约定的测量方法、标准,或通过比对等途径,证明其测量结果与同类检验检测机构的一致性。当测量结果溯源至公认的或约定的测量方法、标准时,检验检测机构应提供该方法、标准的来源等相关证据。

(5)检验检测机构需要内部校准时,应确保:

a)设备满足计量溯源要求;

b)限于非强制检定的仪器设备;

c)实施内部校准的人员经培训和授权;

d)环境和设施满足校准方法要求;

e)优先采用标准方法,非标方法使用前应经确认;

f)进行测量不确定度评估;

g)可不出具内部校准证书,但应对校准结果予以汇总;

h)质量控制和监督应覆盖内部校准工作。

(6)当仪器设备经校准给出一组修正信息时,检验检测机构应确保有关数据得到及时修正,计算机软件也应得到更新,并在检验检测工作中加以使用。

(7)检验检测机构在设备定期检定或校准后应进行确认,确认其满足检验检测要求后方可使用。对检定或校准的结果进行确认的内容应包括:

a)检定结果是否合格,是否满足检验检测方法的要求;

b)校准获得的设备的准确度信息是否满足检验检测项目、参数的要求,是否有修正信息,仪器是否满足检验检测方法的要求;

c)适用时,应确认设备状态标识。

(8)需要时,检验检测机构对特定设备应编制期间核查程序,确认方法和频率。检验检测机构应根据设备的稳定性和使用情况来判断设备是否需要进行期间核查,判断依据包括但不限于:

a)设备检定或校准周期;

b)历次检定或校准结果;

c)质量控制结果;

d)设备使用频率;

e)设备维护情况;

f)设备操作人员及环境的变化;

g)设备使用范围的变化。

4.4.4 检验检测机构应保存对检验检测具有影响的设备及其软件的记录。用于检验检测并对结果有影响的设备及其软件,如可能,应加以唯一性标识。检验检测设备应由经过授权的人员操作并对其进行正常维护。若设备脱离了检验检测机构的直接控制,应确保该设备返回后,在使用前对其功能和检定、校准状态进行核查。

【条文解释】

(1)检验检测机构应建立对检验检测具有重要影响的设备及其软件的记录,

并实施动态管理,及时补充相关的信息。记录至少应包括以下信息:

a)设备及其软件的识别;

b)制造商名称、型式标识、系列号或其他唯一性标识;

c)核查设备是否符合规范;

d)当前位置(适用时);

e)制造商的说明书(如果有),或指明其地点;

f)检定、校准报告或证书的日期、结果及复印件,设备调整、验收准则和下次校准的预定日期;

g)设备维护计划,以及已进行的维护记录(适用时);

h)设备的任何损坏、故障、改装或修理。

(2)检验检测机构应指定人员操作重要的、关键的仪器设备以及技术复杂的大型仪器设备,未经指定的人员不得操作该设备。

(3)设备使用和维护的最新版说明书(包括设备制造商提供的有关手册)应便于检验检测人员取用。用于检验检测并对结果有影响的设备及其软件,如可能,均应加以唯一性标识。

(4)应对经检定或校准的仪器设备的检定或校准结果进行确认。只要可行,应使用标签、编码或其他标识确认其检定或校准状态。

(5)仪器设备的状态标识可分为"合格"、"准用"和"停用"三种,通常以"绿"、"黄"、"红"三种颜色表示。

(6)设备脱离了检验检测机构,这类设备返回后,在使用前,检验检测机构须对其功能和检定、校准状态进行核查,得到满意结果后方可使用。

4.4.5 设备出现故障或者异常时,检验检测机构应采取相应措施,如停止使用、隔离或加贴停用标签、标记,直至修复并通过检定、校准或核查表明设备能正常工作为止。应核查这些缺陷或超出规定限度对以前检验检测结果的影响。

【条文解释】

曾经过载或处置不当,给出可疑结果,或已显示有缺陷、超出规定限度的设备,均应停止使用。这些设备应予隔离以防误用,或加贴标签、标记以清晰表明该设备已停用,直至修复。修复后的设备为确保其性能和技术指标符合要求,必须经检定、校准或核查表明其能正常工作后方可投入使用。检验检测机构还应对这些因缺陷或超出规定极限而对过去进行的检验检测活动造成的影响进行追溯,发现不符合应执行不符合工作的处理程序,暂停检验检测工作、不发送相关检验检测报告或证书,或者追回之前的检验检测报告或证书。

4.4.6 检验检测机构应建立和保持标准物质管理程序。可能时,标准物质应溯源到SI单位或有证标准物质。检验检测机构应根据程序对标准物质进行期间核查。

【条文解释】

检验检测机构应建立和保持标准物质的管理程序。可能时,标准物质应溯源到SI单位或有证标准物质。检验检测机构应对标准物质进行期间核查,同时按照程序要求,安全处置、运输、存储和使用标准物质,以防止污染或损坏,确保其完整性。

4.5 具有并有效运行保证其检验检测活动独立、公正、科学、诚信的管理体系。

【条文解释】

检验检测机构的管理和技术运作应通过建立健全、持续改进、有效运行的管理体系来实现。检验检测机构应建立并有效实施实现质量方针、目标和履行承诺,保证其检验检测活动独立、公正、科学、诚信的管理体系。

4.5.1 检验检测机构应建立、实施和保持与其活动范围相适应的管理体系,应将其政策、制度、计划、程序和指导书制定成文件,管理体系文件应传达至有关人员,并被其获取、理解、执行。

【条文解释】

(1)管理体系是指为制定方针和目标并实现这些目标的体系。包括质量管理体系、技术管理体系和行政管理体系。管理体系的运作包括体系的建立、体系的实施、体系的保持和体系的持续改进。

(2)检验检测机构应建立符合自身实际状况,适应自身检验检测活动并保证其独立、公正、科学、诚信的管理体系。

(3)为使检验检测工作有效运行,检验检测机构必须系统地识别和管理许多相互关联和相互作用的过程,称为“过程方法”。该方法使检验检测机构能够对体系中相互关联和相互依赖的过程进行有效控制,有助于提高其效率。过程方法包括按照检验检测机构的质量方针和政策,对各过程及其相互作用,系统地进行规定和管理,从而实现预期结果。

(4)检验检测机构应将其管理体系、组织结构、程序、过程、资源等过程要素文件化。文件可分为四类:质量手册、程序文件、作业指导书、质量和技术记录表格。

(5)检验检测机构管理体系形成文件后,应当以适当的方式传达给有关人员,使其能够"获取、理解、执行"管理体系。

4.5.2 检验检测机构应阐明质量方针,应制定质量目标,并在管理评审时予以评审。

【条文解释】

(1)质量方针由最高管理者制定、贯彻和保持,是检验检测机构的质量宗旨和方向。

(2)质量方针一般应在质量手册中予以阐明,也可单独发布。

(3)质量方针声明应经最高管理者授权发布,至少包括下列内容:

a)最高管理者对良好职业行为和为客户提供检验检测服务质量的承诺;

b)最高管理者关于服务标准的声明;

c)质量目标;

d)要求所有与检验检测活动有关的人员熟悉质量文件,并执行相关政策和程序;

e)最高管理者对遵循本准则及持续改进管理体系的承诺。

(4)质量目标包括年度目标和中长期目标。各相关部门可以根据检验检测机构的目标制定本部门的质量目标。质量目标应在管理评审时予以评审。

4.5.3 检验检测机构应建立和保持控制其管理体系的内部和外部文件的程序,明确文件的批准、发布、标识、变更和废止,防止使用无效、作废的文件。

【条文解释】

(1)检验检测机构依据制定的文件管理控制程序,对文件的编制、审核、批准、发布、标识、变更和废止等各个环节实施控制,并依据程序控制管理体系的相关文件。文件包括法律法规、标准、规范性文件、质量手册、程序文件、作业指导书和记录表格,以及通知、计划、图纸、图表、软件等。

(2)文件可承载在各种载体上,可以是数字存储设施如光盘、硬盘等,或是模拟设备如磁带、录像带或磁带机,还可以采用缩微胶片、纸张、相纸等。

(3)检验检测机构应定期审查文件,防止使用无效或作废文件。失效或废止文件一般要从使用现场收回,加以标识后销毁或存档。如果确因工作需要或其他原因需要保留在现场的,必须加以明显标识,以防误用。

4.5.4 检验检测机构应建立和保持评审客户要求、标书、合同的程序。对要求、标书、合同的偏离、变更应征得客户同意并通知相关人员。

【条文解释】

(1)检验检测机构应依据制定的评审客户要求、标书和合同的相关程序,对合同评审和对合同的偏离加以有效控制,记录必要的评审过程或结果。

(2)检验检测机构应与客户充分沟通,了解客户需求,并对自身的技术能力和资质状况能否满足客户要求进行评审。若有关要求发生修改或变更时,需进行重新评审。对客户要求、标书或合同有不同意见,应在签约之前协调解决。

(3)对于出现的偏离,检验检测机构应与客户沟通并取得客户同意,将变更事项通知相关的检验检测人员。

4.5.5　检验检测机构需分包检验检测项目时,应分包给依法取得资质认定并有能力完成分包项目的检验检测机构,具体分包的检验检测项目应当事先取得委托人书面同意,检验检测报告或证书应体现分包项目,并予以标注。

【条文解释】

(1)检验检测机构因工作量、关键人员、设备设施、环境条件和技术能力等原因,需分包检验检测项目时,应分包给依法取得检验检测机构资质认定并有能力完成分包项目的检验检测机构,具体分包的检验检测项目应当事先取得委托人书面同意,并在检验检测报告或证书中清晰标明分包情况。检验检测机构应要求承担分包的检验检测机构提供合法的检验检测报告或证书,并予以使用和保存。产生分包的需求主要有以下两种形式:

1)“有能力的分包”是指一个检验检测机构拟分包的项目是其已获得检验检测机构资质认定的技术能力,但因工作量急增、关键人员暂缺、设备设施故障、环境状况变化等原因,暂时不满足检验检测条件而进行的分包。分包应分包给获得检验检测机构资质认定并有相应技术能力的另一检验检测机构,该检验检测机构可出具包含另一检验检测机构分包结果的检验检测报告或证书,其报告或证书中应明确分包项目,并注明承担分包的另一检验检测机构的名称和资质认定许可编号。

2)“没有能力的分包”是指一个检验检测机构拟分包的项目是其未获得检验检测机构资质认定的技术能力,实施分包应分包给获得检验检测机构资质认定并有相应技术能力的另一检验检测机构。检验检测机构可将分包部分的检验检测数据、结果,由承担分包的另一检验检测机构单独出具检验检测报告或证书,不将另一检验检测机构的分包结果纳入自身检验检测报告或证书中。若经客户许可,检验检测机构可将分包给另一检验检测机构的检验检测数据、结果纳入自身的检验检测报告或证书,在其报告或证书中应明确标注分包项目,且注明自身无相应资质认定许可技术能力,并注明承担分包的另一检验检测机构的名称和资质认定许可编号。

(2)检验检测机构实施分包前,应制定分包的管理程序,包括控制文件、事先通知客户并经客户书面同意、对分包方定期评价(或采信资质认定部门的认定结果),建立合格分包方名录并正确选用。该程序在检验检测业务洽谈、合同评审和合同签署过程中予以实施。

(3)除非是客户或法律法规指定的分包,检验检测机构应对分包结果负责。

4.5.6 检验检测机构应建立和保持选择和购买对检验检测质量有影响的服务和供应品的程序。明确服务、供应品、试剂、消耗材料的购买、验收、存储的要求,并保存对供应商的评价记录和合格供应商名单。

【条文解释】

(1)为保证采购物品和相关服务的质量,检验检测机构应当对采购物品和相关服务进行有效的控制和管理,应按制定的程序对服务、供应品、试剂、消耗材料的购买、验收、存储进行控制,以保证检验检测结果的质量。

(2)采购服务,包括检定和校准服务,仪器设备购置,环境设施的设计和施工,设备设施的运输、安装和保养,废物处理等。

(3)检验检测机构应对影响检验检测质量的重要消耗品、供应品和服务的供货单位和服务提供者进行评价,并保存这些评价的记录和获批准的合格供货单位和服务提供者名单。

4.5.7 检验检测机构应建立和保持服务客户的程序。保持与客户沟通,跟踪对客户需求的满足,以及允许客户或其代表合理进入为其检验检测的相关区域观察。

【条文解释】

(1)检验检测机构应与客户沟通,全面了解客户的需求,为客户解答有关检验检测的技术和方法。

(2)定期以适当的方式征求客户意见并深入分析,改进管理体系。

(3)让客户了解、理解检验检测过程,是与客户交流的重要手段。在保密、安全、不干扰正常检验检测前提下,允许客户或其代表,进入为其检验检测的相关区域观察检验检测活动。

4.5.8 检验检测机构应建立和保持处理投诉的程序。明确对投诉的接收、确认、调查和处理职责,并采取回避措施。

【条文解释】

(1)检验检测机构应指定部门和人员接待和处理客户的投诉,明确其职责和权利。对客户的每一次投诉,均应按照规定予以处理。

(2)与客户投诉相关的人员、被客户投诉的人员,应采取适当的回避措施。对投诉人的回复决定,应由与投诉所涉及的检验检测活动无关的人员作出,包括对该决定的审查和批准。

(3)检验检测机构应对投诉的处理过程及结果及时形成记录,并按规定全部归档。只要可能,检验检测机构应将投诉处理过程的结果正式通知投诉人。

4.5.9 检验检测机构应建立和保持出现不符合的处理程序,明确对不符合的评价、决定不符合是否可接受、纠正不符合、批准恢复被停止的工作的责任和权力。必要时,通知客户并取消工作。该程序包含检验检测前中后全过程。

【条文解释】

(1)不符合是指检验检测活动不满足标准或者技术规范的要求、与客户约定的要求或者不满足体系文件的要求。

(2)检验检测机构应明确如何对不符合的严重性和可接受性进行评价,规定当识别出不符合时采取的纠正措施,并明确使工作恢复的职责。

(3)不符合的信息可能来源于监督员的监督、客户意见、内部审核、管理评审、外部评审、设备设施的期间核查、检验检测结果质量监控、采购的验收、报告的审查、数据的校核等。检验检测机构应关注这些环节,及时发现、处理不符合。当评价表明不符合可能再度发生,或对检验检测机构的运作与其政策和程序的符合性产生怀疑时,应立即执行纠正措施程序。

(4)当不符合可能影响检验检测数据和结果时,应通知客户,并取消不符合时所产生相关结果。

4.5.10 检验检测机构应建立和保持在识别出不符合时,采取纠正措施的程序;当发现潜在不符合时,应采取预防措施。检验检测机构应通过实施质量方针、质量目标,应用审核结果、数据分析、纠正措施、预防措施、管理评审来持续改进管理体系的适宜性、充分性和有效性。

【条文解释】

(1)纠正措施是指为消除已发现的不符合或其他不期望发生的情况所采取的措施。检验检测机构应当在识别出不符合、在管理体系发生不符合或在技术运作中出现对政策和程序偏离等情况时, 应实施纠正措施。

（2）检验检测机构应针对分析的原因制定纠正措施, 纠正措施应编制成文件并加以实施, 对纠正措施实施的结果应进行跟踪验证, 确保纠正措施的有效性。

（3）预防措施是指为消除潜在不符合或其他潜在风险所采取的措施。检验检测机构应当主动识别技术或管理方面潜在的不符合, 制定和实施预防措施。应记录并跟踪所实施的预防措施及其结果, 评价验证预防措施的有效性。

（4）检验检测机构应在实施质量方针、质量目标, 应用审核结果、数据分析、纠正措施、预防措施、管理评审时持续改进管理体系。对日常的监督活动中发现的管理体系运行的问题予以改正。检验检测机构应保留持续改进的证据。

4.5.11 检验检测机构应建立和保持记录管理程序, 确保记录的标识、贮存、保护、检索、保留和处置符合要求。

【条文解释】

（1）记录分为质量记录和技术记录两类：

a）质量记录是指检验检测机构管理体系活动中的过程和结果的记录, 包括合同评审、分包控制、采购、内部审核、管理评审、纠正措施、预防措施和投诉等记录；

b）技术记录是指进行检验检测活动的信息记录, 应包括原始观察、导出数据和建立审核路径有关信息的记录, 检验检测、环境条件控制、员工、方法确认、设备管理、样品和质量监控等记录, 也包括发出的每份检验检测报告或证书的副本。

（2）每项检验检测的记录应包含充分的信息, 该检验检测在尽可能接近原始条件情况下能够重复。

（3）记录应包括抽样人员、每项检验检测人员和结果校核人员的签字或等效标识。

（4）观察结果、数据应在产生时予以记录。不允许补记、追记、重抄。

（5）书面记录形成过程中如有错误, 应采用杠改方式, 并将改正后的数据填写在杠改处。实施记录改动的人员应在更改处签名或等效标识。

（6）所有记录的存放条件应有安全保护措施, 对电子存储的记录也应采取与书面媒体同等措施, 并加以保护及备份, 防止未经授权的侵入及修改, 以避免原始数据的丢失或改动。

（7）记录可存于不同媒体上, 包括书面、电子和电磁。

4.5.12 检验检测机构应建立和保持管理体系内部审核的程序, 以便验证其运作是否符合管理体系和本准则的要求,管理体系是否得到有效的实施和保持。内部审核通常每年一次,由质量负责人策划内审并制定审核方案。内审员须经过培训,具备相应资格,内审员应独立于被审核的活动。检验检测机构应:

a) 依据有关过程的重要性、对检验检测机构产生影响的变化和以往的审核结果,策划、制定、实施和保持审核方案,审核方案包括频次、方法、职责、策划要求和报告;

b) 规定每次审核的审核准则和范围;

c) 选择审核员并实施审核;

d) 确保将审核结果报告给相关管理者;

e) 及时采取适当的纠正和纠正措施;

f) 保留形成文件的信息,作为实施审核方案以及做出审核结果的证据。

【条文解释】

(1) 内部审核是检验检测机构自行组织的管理体系审核,按照管理体系文件规定,对其管理体系的各个环节组织开展的有计划的、系统的、独立的检查活动。检验检测机构应当编制内部审核控制程序,对内部审核工作的计划、筹备、实施、结果报告、不符合工作的纠正、纠正措施及验证等环节进行合理规范。

(2) 内部审核通常每年一次,由质量负责人策划内审并制定审核方案,内部审核应当覆盖管理体系的所有要素,应当覆盖与管理体系有关的所有部门、所有场所和所有活动。

(3) 内审员应当经过培训,能够正确理解评审准则、清楚内部审核的工作程序、掌握内审的技巧方法和具备编制内部审核检查表、出具不符合项报告的能力。

(4) 在人力资源允许的情况下,应当保证内审员与其审核的部门或工作无关,确保内部审核工作的客观性、独立性。

(5) 内部审核发现问题应采取纠正、纠正措施并跟踪验证其有效性,对发现的潜在不符合制定和实施预防措施。

(6) 内部审核过程及其采取的纠正、纠正措施、预防措施均应予以记录。内部审核记录应清晰、完整、客观、准确。

4.5.13 检验检测机构应建立和保持管理评审的程序。管理评审通常12个月一次,由最高管理者负责。最高管理者应确保管理评审后,得出的相应变更或改进措施予以实施,确保管理体系的适宜性、充分性和有效性。应保留管理评审的记录。管理评审输入应包括以下信息：

a）以往管理评审所采取措施的情况；

b））与管理体系相关的内外部因素的变化；

c）客户满意度、投诉和相关方的反馈；

d）质量目标实现程度；

e）政策和程序的适用性；

f）管理和监督人员的报告；

g）内外部审核的结果；

h）纠正措施和预防措施；

i）检验检测机构间比对或能力验证的结果；

j）工作量和工作类型的变化；

k）资源的充分性；

l）应对风险和机遇所采取措施的有效性；

m）改进建议；

n）其他相关因素，如质量控制活动、员工培训。

管理评审输出应包括以下内容：

a）改进措施；

b）管理体系所需的变更；

c）资源需求。

【条文解释】

（1）管理评审是最高管理者定期系统地对管理体系的适宜性、充分性、有效性进行评价，以确保其符合质量方针和质量目标。

（2）管理评审通常12个月一次。

（3）管理评审由最高管理者主持。

（4）检验检测机构应当编制管理评审计划，明确管理评审的目的、内容、方法、时机以及结果报告。

（5）最高管理者应确保管理评审输出的实施。

（6）检验检测机构应当对评审结果形成评审报告，对提出的改进措施，最高管理者应确保负有管理职责的部门或岗位人员启动有关工作程序，在规定的时间内完成改进工作，并对改进结果进行跟踪验证。

（7）应保留管理评审的记录。

4.5.14　检验检测机构应建立和保持检验检测方法控制程序。检验检测方法包括标准方法、非标准方法（含自制方法）。应优先使用标准方法，并确保使用标准的有效版本。在使用标准方法前，应进行证实。在使用非标准方法（含自制方法）前，应进行确认。检验检测机构应跟踪方法的变化，并重新进行证实或确认。必要时检验检测机构应制定作业指导书。如确需方法偏离，应有文件规定，经技术判断和批准，并征得客户同意。当客户建议的方法不适合或已过期时，应通知客户。

非标准方法（含自制方法）的使用，应事先征得客户同意，并告知客户相关方法可能存在的风险。需要时，检验检测机构应建立和保持开发自制方法控制程序，自制方法应经确认。

【条文解释】

（1）检验检测机构应建立和保持检验检测方法控制程序。检验检测机构应使用适合的方法（包括抽样方法）进行检验检测，该方法应满足客户需求，也应是检验检测机构获得资质认定许可的方法。

（2）检验检测方法包括标准方法和非标准方法，非标准方法包含自制方法。

（3）当客户指定的方法是企业的方法时，则不能直接作为资质认定许可的方法，只有经过检验检测机构转换为其自身的方法并经确认后，方可申请检验检测机构资质认定。

（4）检验检测机构在初次使用标准方法前，应证实能够正确地运用这些标准方法。如果标准方法发生了变化，应重新予以证实，并提供相关证明材料。

（5）检验检测机构在使用非标准方法前应进行确认，以确保该方法适用于预期的用途，并提供相关证明材料。如果方法发生了变化，应重新予以确认，并提供相关证明材料。

（6）如果标准、规范、方法不能被操作人员直接使用，或其内容不便于理解，规定不够简明或缺少足够的信息，或方法中有可选择的步骤，会在方法运用时造成因人而异，可能影响检验检测数据和结果正确性时，则应制定作业指导书（含附加细则或补充文件）。

（7）偏离是指一定的允许范围、一定的数量和一定的时间段等条件下的书面许可。检验检测机构应建立允许偏离方法的文件规定。不应将非标准方法作为方法偏离处理。

（8）当客户建议的方法不适合或已过期时，应通知客户。如果客户坚持使用不适合或已过期的方法时，检验检测机构应在委托合同和结果报告中予以说明，应在结果报告中明确该方法获得资质认定的情况。

（9）检验检测机构应制定程序规范自己制定的检验检测方法的设计开发、资源配置、人员、职责和权限、输入与输出等过程，自己制定的方法必须经确认后使用。在方法制定过程中，需进行定期评审，以验证客户的需求能得到满足。使用自制方法完成客户任务时，需事前征得客户同意，并告知客户可能存在的风险。

4.5.15 检验检测机构应根据需要建立和保持应用评定测量不确定度的程序。

【条文解释】

检验检测机构申请资质认定的检验检测项目中，相关检验检测方法有测量不确定度的要求时，检验检测机构应建立和保持应用评定测量不确定度的程序，作为评审时检验检测结果必须应有的程序，检验检测机构应给出相应检验检测能力的评定测量不确定度案例。若检验检测机构申请资质认定的检验检测项目中无测量不确定度的要求时，检验检测机构可不制定该程序。鼓励检验检测机构在测试出现临界值、进行内部质量控制或客户有要求时，采用测量不确定度方法。

4.5.16 检验检测机构应当对媒介上的数据予以保护，应对计算和数据转移进行系统和适当检查。当利用计算机或自动化设备对检验检测数据进行采集、处理、记录、报告、存储或检索时，检验检测机构应建立和保持保护数据完整性和安全性的程序。自行开发的计算机软件应形成文件，使用前确认其适用性，并进行定期、改变或升级后的再确认。维护计算机和自动设备以确保其功能正常。

【条文解释】

（1）检验检测机构应当对所有媒介上的数据予以保护，制定数据保护程序，保证数据的完整性和安全性。

（2）检验检测机构应当确保自行研发的软件适用于预定的目的，使用前确认其适用性，并进行定期、改变或升级后的再次确认，应保留相关记录。维护计算机和自动设备以确保其功能正常，并提供保护检测和校准数据完整性所必需的环境和运行条件。

4.5.17 检验检测机构应建立和保持抽样控制程序。抽样计划应根据适当的统计方法制定，抽样应确保检验检测结果的有效性。当客户对抽样程序有偏离的要求时，应予以详细记录，同时告知相关人员。

【条文解释】

(1)检验检测机构应建立抽样计划和程序,抽样程序应对抽取样品的选择、抽样计划、提取和制备进行描述,以提供所需的信息。抽样计划和程序在抽样的地点应能够得到。抽样计划应根据适当的统计方法制定,分析抽样对检验检测结果的影响,抽样过程应注意需要控制的因素,以确保检验检测结果的有效性。

(2)当客户要求对已有文件规定的抽样程序进行添加、删减或有所偏离时,检验检测机构应审视这种偏离可能带来的风险。根据任何偏离不得影响检验检测质量的原则,要对偏离进行评估,经批准后方可实施偏离。应详细记录这些要求和相关的抽样资料,并记入包含检验检测结果的所有文件中,同时告知相关人员。

(3)当抽样作为检验检测工作的一部分时,检验检测机构应有程序记录与抽样有关的资料和操作。这些记录应包括所用的抽样程序、抽样人的识别、环境条件(如果相关),必要时有抽样位置的图示或其他等效方法,如适用,还应包括抽样程序所依据的统计方法。

4.5.18 检验检测机构应建立和保持样品管理程序,以保护样品的完整性并为客户保密。检验检测机构应有样品的标识系统,并在检验检测整个期间保留该标识。在接收样品时,应记录样品的异常情况或记录对检验检测方法的偏离。样品在运输、接收、制备、处置、存储过程中应予以控制和记录。当样品需要存放或养护时,应保持、监控和记录环境条件。

【条文解释】

(1)检验检测机构应当制定和实施样品管理程序,规范样品的运输、接收、制备、处置、存储过程。

(2)检验检测机构应当建立样品的标识系统,对样品应有唯一性标识和检验检测过程中的状态标识。应保存样品在检验检测机构中完整的流转记录,以备核查。流转记录包含样品群组的细分和样品在检验检测机构内外部的传递。

(3)检验检测机构在样品接收时,应对其适用性进行检查,记录异常情况或偏离。当对样品是否适合于检验检测存有疑问,或当样品与所提供的说明不相符时,或者对所要求的检验检测规定得不够详尽时,检验检测机构应在开始工作之前问询客户,予以明确,并记录下讨论的内容。

(4)检验检测机构应有程序和适当的设施避免样品在存储、处置和准备过程中发生退化、污染、丢失或损坏。如通风、防潮、控温、清洁等,并做好相关记录。应根据法律法规及客户的要求规定样品的保存期限。

4.5.19 检验检测机构应建立和保持质量控制程序,定期参加能力验证或机构之间比对。通过分析质量控制的数据,当发现偏离预先判据时,应采取有计划的措施来纠正出现的问题,防止出现错误的结果。质量控制应有适当的方法和计划并加以评价。

【条文解释】

(1)检验检测机构应制定质量控制程序,明确检验检测过程控制要求,覆盖资质认定范围内的全部检验检测项目类别,有效监控检验检测结果的稳定性和准确性。

(2)检验检测机构应分析质量控制的数据,当发现质量控制数据超出预先确定的判据时,应采取有计划的措施来纠正出现的问题,并防止报告错误的结果。

(3)检验检测机构应建立和有效实施能力验证或者检验检测机构间比对程序,如通过能力验证或者机构间比对发现某项检验检测结果不理想时,应系统地分析原因,采取适宜的纠正措施,并通过试验来验证其有效性。

(4)检验检测机构应参加资质认定部门所要求的能力验证或者检验检测机构间比对活动。

4.5.20 检验检测机构应准确、清晰、明确、客观地出具检验检测结果,并符合检验检测方法的规定。结果通常应以检验检测报告或证书的形式发出。检验检测报告或证书应至少包括下列信息:

a)标题;

b)标注资质认定标志,加盖检验检测专用章(适用时);

c)检验检测机构的名称和地址,检验检测的地点(如果与检验检测机构的地址不同);

d)检验检测报告或证书的唯一性标识(如系列号)和每一页上的标识,以确保能够识别该页是属于检验检测报告或证书的一部分,以及表明检验检测报告或证书结束的清晰标识;

e)客户的名称和地址(适用时);

f)对所使用检验检测方法的识别;

g)检验检测样品的状态描述和标识;

h)对检验检测结果的有效性和应用有重大影响时,注明样品的接收日期和进行

检验检测的日期;

i)对检验检测结果的有效性或应用有影响时,提供检验检测机构或其他机构所用的抽样计划和程序的说明;

j)检验检测检报告或证书的批准人;

k)检验检测结果的测量单位(适用时);

l)检验检测机构接受委托送检的,其检验检测数据、结果仅证明所检验检测样品的符合性情况。

【条文解释】

(1)检验检测机构应准确、清晰、明确和客观地出具检验检测报告或证书,可以书面或电子方式出具。检验检测机构应制定检验检测报告或证书控制程序,保证出具的报告或证书满足以下基本要求:①检验检测依据正确,符合客户的要求;②报告结果及时,按规定时限向客户提交结果报告;③结果表述准确、清晰、明确、客观,易于理解;④使用法定计量单位。

(2)检验检测报告或证书应有唯一性标识。

(3)检验检测报告或证书批准人的签字或等效的标识。

(4)检验检测报告或证书应当按照要求加盖资质认定标志和检验检测专用章。

(5)检验检测机构公章可替代检验检测专用章使用,也可公章与检验检测专用章同时使用;建议检验检测专用章包含五角星图案,形状可为圆形或者椭圆形等。检验检测专用章的称谓可依据检验检测机构业务情况而定,可命名为检验专用章或检测专用章。

(6)检验检测机构开展由客户送样的委托检验时,检验检测数据和结果仅对来样负责。

4.5.21 当需对检验检测结果进行说明时,检验检测报告或证书中还应包括下列内容:

a)对检验检测方法的偏离、增加或删减,以及特定检验检测条件的信息,如环境条件;

b)适用时,给出符合(或不符合)要求或规范的声明;

c)适用时,评定测量不确定度的声明。当不确定度与检测结果的有效性或应用有关,或客户的指令中有要求,或当对测量结果依据规范的限制进行符合性判定时,需要提供有关不确定度的信息;

d）适用且需要时，提出意见和解释；

e）特定检验检测方法或客户所要求的附加信息。

【条文解释】

当客户需要对检验检测结果作出说明，或者检验检测过程中已经出现的某种情况需在报告作出说明，或对其结果需要作出说明时，检验检测机构应本着对客户负责的精神和对自身工作的完备性要求，对结果报告给出必要的附加信息。这些信息包括：对检验检测方法的偏离、增加或删减，以及特定检验检测条件的信息，如环境条件；相关时，符合（或不符合）要求、规范的声明；适用时，评定测量不确定度的声明。当不确定度与检测结果的有效性或应用有关，或客户的指令中有要求，或当不确定度影响到对规范限度的符合性时，还需要提供不确定度的信息；适用且需要时，提出意见和解释；特定检验检测方法或客户所要求的附加信息。

4.5.22 当检验检测机构从事抽样检验检测时，应有完整、充分的信息支撑其检验检测报告或证书。

【条文解释】

检验检测机构从事包含抽样环节的检验检测任务，并出具检验检测报告或证书时，其检验检测报告或证书还应包含但不限于以下内容：抽样日期；抽取的物质、材料或产品的清晰标识（适当时，包括制造者的名称、标示的型号或类型和相应的系列号）；抽样位置，包括简图、草图或照片；所用的抽样计划和程序；抽样过程中可能影响检验检测结果的环境条件的详细信息；与抽样方法或程序有关的标准或者技术规范，以及对这些标准或者技术规范的偏离、增加或删减等。

4.5.23 当需要对报告或证书做出意见和解释时，检验检测机构应将意见和解释的依据形成文件。意见和解释应在检验检测报告或证书中清晰标注。

【条文解释】

（1）检验检测结果不合格时，客户会要求检验检测机构做出"意见和解释"，用于改进和指导。对检验检测机构而言，"意见和解释"属于附加服务。对检验检测报告或证书做出"意见和解释"的人员，应具备相应的经验，掌握与所进行检验检测活动相关的知识，熟悉检测对象的设计、制造和使用，并经过必要的培训。

（2）检验检测报告或证书的意见和解释可包括（但不限于）下列内容：

a）对检验检测结果符合（或不符合）要求的意见（客户要求时的补充解释）；

b）履行合同的情况；

c) 如何使用结果的建议;

d) 改进的建议。

4.5.24 当检验检测报告或证书包含了由分包方出具的检验检测结果时,这些结果应予以清晰标明。

【条文解释】

按照4.5.5条款的条文解释进行评审。

4.5.25 当用电话、传真或其他电子或电磁方式传送检验检测结果时,应满足本准则对数据控制的要求。检验检测报告或证书的格式应设计为适用于所进行的各种检验检测类型,并尽量减小产生误解或误用的可能性。

【条文解释】

(1) 当需要使用电话、传真或其他电子(电磁)手段来传送检验检测结果时,检验检测机构应满足保密要求,采取相关措施确保数据和结果的安全性、有效性和完整性。当客户要求使用该方式传输数据和结果时,检验检测机构应有客户要求的记录,并确认接收方的真实身份后方可传送结果,切实为客户保密。

(2) 必要时,检验检测机构应建立和保持检验检测结果发布的程序,确定管理部门或岗位职责,对发布的检验检测结果、数据进行必要的审核。

4.5.26 检验检测报告或证书签发后,若有更正或增补应予以记录。修订的检验检测报告或证书应标明所代替的报告或证书,并注以唯一性标识。

【条文解释】

(1) 当需要对已发出的结果报告作更正或增补时,应按规定的程序执行,详细记录更正或增补的内容,重新编制新的更正或增补后的检验检测报告或证书,并注以区别于原检验检测报告或证书的唯一性标识。

(2) 若原检验检测报告或证书不能收回,应在发出新的更正或增补后的检验检测报告或证书的同时,声明原检验检测报告或证书作废。原检验检测报告或证书可能导致潜在其他方利益受到影响或者损失的,检验检测机构应通过公开渠道声明原检验检测报告或证书作废,并承担相应责任。

4.5.27 检验检测机构应当对检验检测原始记录、报告或证书归档留存,保证其具有可追溯性。检验检测原始记录、报告或证书的保存期限不少于6年。

【条文解释】

(1) 检验检测机构建立检验检测报告或证书的档案,应将每一次检验检测的合同（委托书）、检验检测原始记录、检验检测报告或证书等一并归档。

（2）检验检测报告或证书档案的保管期限应不少于6年，若评审补充要求另有规定，则按评审补充要求执行。

4.6 符合有关法律法规或者标准、技术规范规定的特殊要求

特定领域的检验检测机构，应符合国家认证认可监督管理委员会按照国家有关法律法规、标准或者技术规范，针对不同行业和领域的特殊性，制定和发布的评审补充要求。

【条文解释】

（1）国家认监委按照国家有关法律法规、标准或者技术规范，针对不同行业和领域（如：公安刑侦和司法鉴定）的特殊性，制定和发布资质认定评审补充要求。

（2）对于开展相关特殊行业和领域的检验检测活动的机构，除满足本准则的要求外，还应满足相应的评审补充要求，并按照本准则和评审补充要求的规定，完善和有效运行管理体系，配置满足要求的技术资源，使其各项管理和技术过程能在符合要求的基础上有效运行，满足特殊行业和领域的需要。

参考文献

[1] 虞惠霞. 实验室认可380问 [M]. 第1版. 北京: 中国质检/标准出版社, 2013.

[2] 实验室认可 (CNAS、CMA) 材料汇编 [M]. 2016.

[3] 施昌彦. 实验室认可208问 [M]. 第1版. 北京: 中国计量出版社, 2004.

[4] 检验检测机构资质认定文件及标准汇编编写组. 检验检测机构资质认定文件及标准汇编 [M]. 北京: 中国质检/标准出版社, 2016.

[5] 中国实验室国家认可委员会. 实验室认可与管理基础知识 [M]. 第1版. 北京: 中国计量出版社, 2003.

[6] 全国认证认可标准化技术委员会. GB/T 27025《检测和校准实验室能力的通用要求》理解和解释 [M]. 第1版. 北京: 中国标准出版社, 2009.

[7] 国家认证认可监督管理委员会, 中华人民共和国卫生部. 食品检验机构资质认定工作指南 [M]. 北京: 中国质检/标准出版社, 2011.

[8] 林景星, 陈丹英. 计量基础知识 [M]. 第2版. 北京: 中国质检/标准出版社, 2012.

[9] 施昌彦, 虞惠霞. 实验室质量管理 [M]. 第1版. 北京: 化学工业出版社, 2006.

[10] 洪生伟. 质量认证教程 [M]. 第4版. 北京: 中国质检/标准出版社, 2013.

[11] 施昌彦, 虞惠霞, 江迎鸿, 章志键. 实验室管理与认可 [M]. 第1版. 北京: 中国计量出版社, 2009.

[12] 国家质量监督检验检疫总局计量司, 全国法制计量管理计量技术委员会. JJF 1069—2012《法定计量检定机构考核规范》实施指南 [M]. 第1版. 北京: 中国质检/标准出版社, 2012.

[13] 李学京. 标准化综述 [M]. 第1版. 北京: 中国标准出版社, 2008.

[14] 国家认证认可监督管理委员会. 实验室资质认定工作指南 [M]. 北京: 中国计量出版社, 2007.

[15] 昃向君. 实验室认可准备与审核工作指南 [M]. 北京: 中国质检出版社, 2003.

[16] ISO/IEC 17025: 2005. 检测和校准实验室能力的通用要求 [S]. 国际标准化组织, 国际电工委员会. 2005.

[17] ISO/IEC 9000: 2015. 质量管理体系——基础和术语 [S]. 国际标准化组织, 国际电工委员会. 2015.

[18] GB/T 27025–2008《检测和校准实验室能力的通用要求》[S].

[19] GB/T 19000–2016《质量管理体系——基础和术语》[S].

[20] GB/T 19001–2016《质量管理体系——要求》[S].

[21] GB/T 19023–2003《质量管理体系文件指南》[S].

[22] GB/T 3358. 1–2009统计学词汇及符号 第1部分: 一般统计术语与用于概率的术语 [S].

[23] GB/T 4883–2008数据的统计处理和解释 正态样本离群值的判断和处理 [S].

[24] GB/T 6379. 1–2004测量方法与结果的准确度(正确度与精密度) 第1部分: 总则与定义 [S].

[25] GB/T 6379. 2–2004测量方法与结果的准确度(正确度与精密度) 第2部分: 确定标准测量方法重复性与再现性的基本方法 [S].

[26] GB/T 19011–2013管理体系审核指南 [S].

[27] GB/T 19022–2003测量管理体系 测量过程和测量设备的要求 [S].

[28] GB/T 27000–2006/ISO/ICE 17000: 2004合格评定 词汇和通用原则 [S].

[29] GB/T 27011–2005/ISO/ICE 17011: 2004合格评定 认可机构通用要求 [S].

[30] GB/T 27043–2012 合格评定 能力验证的通用要求 [S].

[31] GB/T 28043–2011 利用实验室间比对进行能力验证的统计方法 [S].

[32] GB/T 4091–2001常规控制图 [S].

[33] JJF 1001–2011 通用计量术语及定义 [S].

[34] JJF 1033–2008计量标准考核规范 [S].

[35] JJF 1059. 1–2012测量不确定度评定与表示 [S].

[36] JJF 1069–2012法定计量检定机构考核规范 [S].

[37] JJF 1094–2002测量仪器特性评定 [S].

［38］CNAS-R01：2017《认可标识和认可状态声明管理规则》

［39］CNAS-R02：2015《公正性和保密规则》

［40］CNAS-R03：2015《申诉、投诉和争议处理规则》

［41］CNAS-RL01：2016《实验室认可规则》

［42］CNAS-RL02：2016《能力验证规则》

［43］CNAS-RL03：2017《实验室和检查机构认可收费管理规则》

［44］CNAS-RL04：2009《境外实验室和检查机构受理规则》

［45］CNAS-RL05：2016《实验室生物安全认可规则》

［46］CNAS-RL06：2016《能力验证提供者认可规则》

［47］CNAS-RL07：2016《标准物质/标准样品生产者认可规则》

［48］CNAS-CL01：2006《检测和校准实验室能力认可准则》（ISO/IEC 17025：2005）

［49］CNAS-CL03：2010《能力验证提供者认可准则》（ISO/IEC 17043：2010）

［50］CNAS-CL04：2010《标准物质/标准样品生产者能力认可准则》（ISO Guide34：2009）

［51］CNAS-CL05：2009《实验室生物安全认可准则》（GB 19489–2008）

［52］CNAS-CL06：2014《测量结果的溯源性要求》

［53］CNAS-CL07：2011《测量不确定度的要求》（2011 年第2次修订）

［54］CNAS-CL30：2010《标准物质/标准样品证书和标签的内容》（ISO Guide 31：2000）

［55］CNAS-CL31：2011《内部校准要求》

［56］CNAS-CL52：2014《CNAS–CL01〈检测和校准实验室能力认可准则〉应用要求》

［57］CNAS-GL01：2015《实验室认可指南》（2007 年第 1 次修订）

［58］CNAS-GL02：2014《能力验证结果的统计处理和能力评价指南》

［59］CNAS-GL03：2006《能力验证样品均匀性和稳定性评价指南》

［60］CNAS-GL05：2011《测量不确定度要求的实施指南》

［61］CNAS-GL06：2006《化学分析中不确定度的评估指南》

［62］CNAS-GL09：2014《实验室认可评审不符合项分级指南》

［63］CNAS-GL12：2007《实验室和检查机构内部审核指南》

[64] CNAS-GL13: 2007《实验室和检查机构管理评审指南》

[65] CNAS-GL29: 2010《标准物质/标准样品定值的一般原则和统计方法》

[66] CNAS-GL30: 2016《标准物质/标准样品生产者能力认可指南》

[67] CNAS-GL31: 2011《能力验证提供者认可指南》

[68] CNAS-EL-01: 2012 对实验室认可申请受理若干要求的解释说明

[69] CNAS-WI14-01 实验室认可评审工作指导书

[70] 刘振伟. 检测实验室"三合一"认证认可的探讨. 实验室研究与探索[J], 2013, 32(5).

[71] 张玉华, 余化刚, 周虹. 积极开展实验室认证/认可全面提升实验室规范化管理水平[J]. 第三届全国医学科研管理论坛暨江苏省医学科研管理学术年会论文汇编, 2011.

[72] 张云华. 统计学中四分位数的计算[J]. 中国高新技术企业, 2006, 131(20).

[73] 沈才忠, 何虹. 测量设备的期间核查及判定[J]. 中国计量, 2007(5).

[74] 何虹, 沈才忠, 孙世勃, 王力敏. 实验室检测结果质量内部监控的方法和评价[J]. 中国计量, 2008(11).

[75] 沈才忠, 何虹. 谈实验室质量管理中的监督[J]. 工业计量, 2007(6).

[76] 施昌彦, 虞惠霞. 能力验证及其在检测/校准实验室中的应用[J]. 中国计量, 2006(2).

[77] 缪海琼. 食品检验机构资质认定管理体系有效运行分析及持续改进[J]. 现代测量与实验室管理, 2011(4).

[78] 谭和平, 陈能武, 张云嫦. 化学实验室认证认可与质量控制[J]. 中国测试, 2010, 36(5).

[79] 师红云, 陈立红, 王爱军. 积极参与实验室认证认可促进实验室的建设与管理[J]. 实验技术与管理, 2011, 28(10).

[80] 王昌建. 食品理化实验室质量控制的探讨[J]. 中国国境卫生检疫杂志, 2010, 33(1).

[81] 李春萍. 理化检测实验室标准物质的控制和管理[J]. 检验检疫科学, 2008, 2(18).

[82] 周娟. 实验室认证认可存在的问题及对策[J]. 疾病预防控制通报, 2011, 26(1).